고독한 미식가 맛집 순례 가이드

孤独のグルメ 巡礼ガイド

주간 SPA! 「고독한 미식가」취재반 ┃ 박정임 옮김

인터뷰 "마음에 남는 그 식당"_ 원작자 구스미 마사유키

차례

마음에 남는 그 식당

원작자 구스미 마사유키

『고독한 미식가』의 원작자 구스미 마사유키는 같은 이름의 드라마 끝 부분에 삽입된 인기 코너 「구스미와 불쑥 찾아가는!(ふらっとQUSUMI)」에서 그날 에피소드의 배경이 된 음식점을 직접 찾아간다. 그에게 특히 마음에 남는 음식점 이야기를 들어보았다.

"주인 성품과 그 식당의 역사가 엿보이는 곳에 마음이 끌립니다."

드라마에서는 기본적으로 원작 만화 『고독한 미식가』에 '나올 법한' 분위기가 있는 음식점을 방송 제작진이 직접 찾아냅니다. 이제는 리서치 회사에 의뢰해도 되지 않겠느냐는 의견도 있습니다만, 제작진은 계속 자기들이 직접 찾기를 고집합니다. 책상 앞에 앉아서 인터넷으로 검색하는 게 아니라 직접 발로 뛰며 찾는 강단과 근성 덕분에 좋은 드라마가 됐겠죠. 찾아갔다 거절당한 곳도 200곳 가까이 됩니다. 좋은 음식점을 찾아내도 '종업원 없이 혼자 운영하고 있어서 손님이 많이 오면 감당할 수 없다.'는 이유로 정중하게 거절하는 경우도 많죠.

어느 식당 이야기부터 시작할지 궁금하시죠? 먼저 시즈오카 현 가와즈초에 있는 **와사비엔 가도야**의 생와사비의 와사비덮밥부터 시작해볼까요? 그 일대는 가와바타 야스나리(川端康成)의 소설 『이즈의 무희(伊豆の踊子)』 무대가 됐던 장소이기도 해서 이전에 다른 취재 건으로 간

4

시즌3 제3화에 등장한 **와사비엔 가도야**의 생 와사비의 와사비덮밥. 그 맛에 반해 고로가 자신도 모르게 밥을 추가했던 메뉴.

"단맛이 감도는 와사비 맛에 정신없이 먹게 되죠! 평상시에 먹던 와사비와는 전혀 달랐어요!"

적이 있었죠. 그때 가와즈 역에서 두 시간 정도 걸어갔는데, 강가를 따라 이어지는 풍경이 무척 아름다웠습니다. 그 이야기를 드라마 연출자한테 했더니 곧바로 가와즈초로 가서 **와사비엔 가도야**를 찾아냈습니다. 제가 갔을 때는 그 식당을 발견하지 못했었죠. 그래서 나중에 「구스미와 불쑥 찾아가는!」 코너를 촬영하러 갔을 때 제작진한테 "이런 식당을 잘도 찾아냈네." 하고 말했죠.

그 와사비덮밥은 아무리 생각해도 너무 싸요. 400엔(당시)에 와사비 뿌리 하나가 통째로 나온

다니! 그 와사비는 시중에서도 한 개에 400엔에는 살 수 없습니다. 그러니까 그 식당은 가격 책정에 실패한 거죠(웃음). 게다가 한 그릇에 와사비 뿌리 통째로 한 개는 양이 너무 많아요. 그러니 그 식당은 정작 이렇게 인기를 얻게 돼서 크게 손해를 봤을 것 같아요(웃음). 주인 성격도 좋죠. 와사비는 직접 재배하는데, 여하튼 깐깐해요. 와사비는 비에 약해서 큰비라도 내리면 떠내려가죠. 그래서 비가 내리기 시작하면 한밤중에도 걱정돼서 밭에 나가보지 않을 수 없어요. 와사비를 엄청 사랑하지 않고는 할 수 없는 일

구스미가 드라마의 배경이 된 식당들을 찾아가는 코너, 「구스미와 불쑥 찾아가는!」

술을 전혀 □하는 고로오□ 대조적으로 낮부터 마셔□는 구스미 모습도 팬이에서는 색□른 인기.

이죠(웃음). 그리고 드라마에도 그대로 설정됐지만, "원래 우리 와사비는…"하면서 자기 와사비를 자랑하고 싶어서 안달이 났어요. 사실 자랑하지 않을 수 없겠더군요. 보통 와사비는 1년간 같은 크기로 키워서 파는데, 그 집 와사비는 2년산이어서 단맛이 강해요. 제가 주인의 와사비 사랑에 감동하는 걸 보더니 주인이 메뉴에도 없는 와사비소주를 가져왔어요. 얼음을 넣어 마셨는데도 와사비 향이 아주 진하게 퍼지더군요. 그런데 마셔보니 달아요. 전혀 쓰지 않아요. 제가 "오~ 이거 맛있는데!" 하고 감탄했더니 카메라가 돌아가는 중인데도 한 잔 더 권해서 음주 촬영이 돼버렸죠(웃음). 그래도 그렇게 깜짝 놀랄 만한 술맛은 정말 오랜만이었습니다. 색도 없이 맹물처럼 투명한데, 마시면 생와사비 향기가

상쾌하고, 코를 찌르는 매운맛도 전혀 없고, □에 닿는 느낌은 아주 부드러우니 참 신기하죠. 와사비덮밥도 그런 느낌입니다. 자칫 와사비 □문에 목이 따끔거리는 건 아닌가 했지만, 전□ 그렇지 않았어요. 전에 따뜻한 와사비 메밀국수를 먹고 명치 언저리가 쓰렸던 적이 있어서 걱정했거든요. 평소에 먹던 와사비하고는 전혀 달랐습니다. 와사비 말고는 가쓰오부시하고 간장만 들어갔는데도 기막히게 맛있어서, 그 맛에 완전히 빠졌어요. 이번 회 방송 직후 "와사비덮밥을 가정용 냉동 와사비로 만들지 마세요. 위험합니다." 하고 트위터에 올렸더니 "이미 그렇게 해버렸습니다."라는 댓글이 많았습니다. 다들 궁금증을 견디지 못하고 냉장고에 있던 냉동 와사비로 만드신 모양입니다. 고생 좀 하셨을 겁니다(웃음). 시청자들의 그런 반응도 포함해서 와사비덮밥은 특히 기억에 남는 요리였습니다.

실내장식에 남은 흔적에서 음식점의 변화 과정을 상상해보는 재미

도쿄 미타카 시 출신인 제게 기치조지는 고향이지만, **가야시마**라는 음식점에 간 것은 최근 일입니다. 그 식당이 있다는 건 알고 있었지만, 겉모습이 왠지 수상쩍어서 들어가지 못했죠(웃음). 가야시마는 사실 기치조지에서 꽤 유서 깊은 곳입니다. 1970년대 다방이 유행했을 때 '다방이 대세다!' 하고, 다방으로 시작했던 업소였습니다.

시즌1 제7화에 등장한 **가야시마**. 시대에 뒤처지지 않기 위해 애썼던 음식점 안에는 변천의 흔적이 보인다.

오랜 시간의 노력과 고민이 느껴지는 식당에
료됩니다."

던 걸까요? 손님이 '이거, 검지 않잖아!' 하고
망해서 주인이 마음고생을 했다고 해요(웃음).
 음식점도 편안한 느낌이 좋아요. 저녁 메뉴는
심때보다 조금 비싸지만, 생선회가 나오는데
청 맛있습니다.

인의 노력이 여운이 돼
한층 매력적인 음식점

역시 제가 좋다고 느낀 음식점은 대부분 주인이
직접 운영하는 곳입니다. 주인이 직접 운영하는
곳은 그 주인의 '나라'와 같아요. 작은 왕국처럼
좋은 왕이 있으면 그 나라는 오랜 세월 번성하
죠. 이런 음식점에선 체인점처럼 '안정적인 매
뉴얼'만을 따르는 게 아니라 왕의 마음과 생각
이 곧 법이죠. 그래서 처음 들어갈 때는 조금 무
섭게도 느껴지지만, 들어가서 먹는 동안 그 식당

이 오랜 세월 존속하는 이유를 저절로 알게 됩니
다. 왕 자신의 맛에 대한 의식이나 고집, 친절한
마음 같은 게 보입니다. 그런 것들은 긴 시간에
걸쳐 이루어지죠. 별난 것에도 분명히 별난 이유
가 있습니다. '지금까지 힘든 일도 있었지만 그
걸 극복해서 지금이 있는 거야.'라는 식상한 말
이 식상하지 않게 느껴지니 참 신기하죠(웃음).
모양도 맛도 독특한 요리는 하루아침에 만들어
지지 않습니다. 오랜 세월, 더 좋은 음식을
만들겠다고 머리를 싸맸던 노력이 느껴지는
식당은 역시 매력적입니다. 그런 음식점을 배
경으로 하는 재미있는 이야기를 만들어낸다
면, 구태여 말로 설명하지 않아도 제가 느낀 매
력이 다른 사람들한테도 어떻게든 전달되리라
믿습니다.
저는 앞으로도 부지런히 그런 맛집들을 찾아다
니면서 소중한 인연을 만들어가고 싶습니다.

구스미 마사유키
1958년 일본 출생. 만화가·에세이
스트·작가·뮤지션. 1981년 '이즈미
마사유키'라는 이름으로 이즈미 하
루키와 공동 작업한『야행』으로 데
뷔, 친동생 구스미 다쿠야와 함께
Q.B.B.(Qusumi Brothers Band)를 결
성,『중학생 일기』를 출간하여 제45
회 문예춘추 만화상을 수상했다. 일
러스트레이터이자 만화가인 다니구
치 지로와 공동 작업 중인『고독한 미
식가』는『주간SPA』에 연재 중이다.
드라마「고독한 미식가」의 음악 작
업에 참여하는 등 뮤지션으로서도 왕
성하게 활동하고 있다.

"이런 단순하기
그지없는 밥을
좋아하는 것 같아."

「가도야」의 '생와사비의 와사비덮밥'
맨밥, 가쓰오부시, 와사비뿐인데, 맛있다!

가와바타 야스나리의 소설 『이즈의 무희』의 무
대였던 가와즈 역에 내린 이노가시라 고로.
"깔끔하게 업무 종료! 잠시 관광객이 돼볼까?"
일곱 개의 폭포가 모여 있는 가와즈 나나다루를
둘러보며 자연을 만끽하던 고로는 중얼거린다.
"폭포는 이제 됐고, 마이너스 이온 때문인지 왠
지 배가 엄청 고파졌어. 좋아, 식당을 찾아보자."
그런 고로의 눈에 들어온 곳이 '이즈의 무희' 그
림이 그려진 간판과 '와사비'라고 적힌 깃발이
펄럭이는 와사비엔 가도야였다.
"이즈에 왔으니 와사비는 한번 먹어봐야지. 무
희와 별로 관계없는 것 같지만, 이 식당에서 먹

기로 하자."
메뉴와 눈싸움을 벌이던 지로는 한 메뉴에 시선
이 고정된다.
"생와사비의 와사비덮밥? 와사비가 중복된 이
름의 덮밥…. 어떤 요리지!? 좋아! 도전해보자!"
음식값이 단돈 550엔이라니, 어떤 요리일지 더
욱 상상하기 어렵다. 샘솟는 기대와 불안감을
안고 식당 안을 둘러본 고로는 "너무도 식당다
운 느낌. 이런 곳이 정말 좋아."라고 중얼거린
다. 고로는 완전히 여유로워졌다.
잠시 후 종업원이 가져온 건 생와사비 한 뿌리.
종업원 말대로 '둥글게 둥글게'를 따라 하며 고

Season 3 제3화

로는 강판에 열심히 와사비를 간다. 그러는 사이에 가쓰오부시를 얹은 밥이 나왔다. 갈아놓은 와사비를 밥 한가운데 올리고 간장을 두른 다음, 잘 섞는다. 그리고 그걸 한입 먹어본 고로는 이미 와사비의 포로가 돼버린다.

"과연~ 흰 쌀밥 좋아하는 사람은 참을 수 없는 맛이야. 애써 와사비를 갈았으니 화끈하게 해보자!"라며 그는 남은 와사비를 과감하게 쏟아 붓는다.

마침내 추가로 한 그릇을 더 주문해 해치운 고로는 "난 궁극적으로는 이렇게 단순하기 그지없는 밥을 좋아하는 것 같아."라고 말한다.

생와사비의 와사비덮밥
(生ワサビ付わさび丼)

주인이 2년이라는 긴 시간과 정성을 들여 재배한 와사비 한 뿌리가 통째로 나오는 와사비덮밥. 가쓰오부시를 덮은 밥에 간 와사비를 얹고 간장을 둘러 비벼 먹는다. 방송 직후 너무 맛있어 보여 수퍼에서 파는 튜브형 와사비로 이 요리를 시도한 사람이 많았다고 한다.

와사비엔 가도야
(わさび園　かどや)

주소 : 시즈오카 현 가모 군 가와즈초 나시모토 371-1
　　　(静岡県 賀茂郡 河津町 梨本 371-1)
전화 : 0558-35-7290
영업시간 : 9:30~17:00(주문 마감15:00)
휴일 : 부정기적

아무래도 메뉴의 숲에서
길을 잃은 듯하다…

「가야시마」의 '나폴리탄'
때때로 간절하게 먹고 싶어지는 정겨운 케첩의 맛

"안 되겠어! 도저히 고를 수가 없어!! 큰일이군. 아무래도 메뉴의 숲에서 길을 잃은 것 같아…." 우유부단한 성격 탓에 메뉴를 좀처럼 결정하지 못하는 고로의 고민이 더욱 깊어진 곳은 독특한 활기가 넘치는 거리 기치조지였다.

오늘따라 더욱 망설이는 고로는 기치조지에서 계속 헤매고 있었다.

"지금 내 배는 무엇을 원하는 걸까? 모르겠어…, 메뉴를 고를 수가 없어."

좀처럼 식당을 선택하지 못하는 고로의 눈에 들어온 건 술과 식사를 강조하는, 고객이 원하는 음식은 무엇이든 있을 것 같은 **가야시마**의 엄청

나게 다양한 메뉴였다.

식당 앞에 적힌 메뉴를 보고 "이 정도로 종류가 많으면 하나를 골라 결정할 수 있겠지." 하고 안으로 들어간다. 조금 갈등했지만, 메뉴판에서 나폴리탄을 보자, "이런 데서 파는 나폴리탄은 의외로 맛있어. 케첩도 새빨갛고. 좋아, 나폴리탄으로 하자. 한 건은 해결했다!" 하고 안심한 것도 잠시, 세트 메뉴인 탓에 다시 네 가지 중 하나를 골라야 했다. "다시는 미로에서 헤매지 않겠어!" 하고 정신을 차린 고로가 '갈등하게 될 때는 가장 위의 것을 고른다.'는 규칙을 따른 결과가 바로 나폴리탄&햄버거였다.

Season 1 제7화

메뉴와 마찬가지로 혼돈 상태인 식당 안을 둘러보며 기다리던 고로 앞에 나폴리탄이 나온다. "이거야 이거. 정겨운 맛! 가끔 간절하게 먹고 싶어지는 케첩 맛!" 하고 중얼거린다.
"케첩, 소스, 마요네즈, 그리고 미소국. 이거면 충분해. 내겐 이런 런치가 어울려." 하며 햄버거를 먹던 고로는 옆자리 단골손님한테 자극받아 얼떨결에 공기밥을 주문한다. 그러고는 '나폴리탄이 반찬도 되는구나' 하며 밥과 함께 게걸스럽게 먹는다.
고로는 "파스타가 아니라 스파게티야. 아주 좋아! 과거에 번영했던 기치조지가 이 집에 집약돼 있는 듯해."라며 만족해서 식당을 나선다.

나폴리탄(ナポリタン)

파스타가 아니라 스파게티라고 부르는 게 맞을 듯하다. 옛날 그 정겨운 케첩 맛이 나는 나폴리탄. 이 식당의 추천 메뉴인 두근두근 세트는 햄버거 외에 슈마이, 포크 진저 등 4가지 중 한 가지를 골라 980엔. 미소국에 커피를 비롯한 음료까지 포함된 이 가격은 상당히 착한 편이다.

가야시마(カヤシマ)

주소 : 도쿄 도 무사시노 시 기치조지 혼초
　　　1-10-9
　　　(東京都 武蔵野市 吉祥寺 本町
　　　1-10-9)
전화 : 0422-21-6461
영업시간 : 11:00~24:00(주문 마감 23:30)
휴일 : 연중무휴

"내게 꿈같은 식당이란 바로 이런 곳입니다."

「세키자와 식당」의 '생강양념 돼지고기와 달걀덮밥'

밥알 한 톨에도 맛이 배어 있는, 게걸스럽게 먹기에는 최고인 덮밥

업계의 지인이 영화 소품에 사용할 접시에 관해 의논하고 싶다고 해서 고로는 세이부이케부쿠로 선 이케부쿠로 역에서 두 정거장 떨어진 히가시나가사키 역에서 내린다. 그런데 주문 내용이 '슈욱! 하고 픽! 하는 무늬'라든가 '거침없이 느낌이 팍 오는' 등 이해할 수 없는 의성어의 연속이어서 몹시 지친 탓인지 고로는 '잠시 좀 걸을까?' 하고 식당을 찾는다.

고로의 눈길이 멈춘 곳은 역에 내린 순간 감이 왔던 **세키자와 식당**. 잠시 맞은편 레스토랑에 눈길을 주기도 했지만, '응, 역시 여기야. 내 눈을 믿어야지!' 하고 끌리듯 안으로 들어간다.

"아, 좋군, 좋아. 이 분위기, 과연 기대를 저버리지 않는군. 자, 뭘 먹을까?" 엄청나게 싼 값의 메뉴에 눈을 빛내면서도 고로는 갈등한다. 양이 풍부한 원 코인 정식과 410엔짜리 전갱이튀김 정식, 390엔짜리 땡큐 세트 등등….

"응? 뭐지? 생강양념 돼지고기와 달걀덮밥…. 구미가 당기는데."

돼지고기 감자조림과 비엔나 프라이, 감자 샐러드를 단품으로 추가 주문한다.

"그래그래, 이런 게 좋아. 음~ 주인의 성품이 배어 있는 듯한 맛이야. 양도 꽤 많군." 돼지고기 감자조림을 먹으며 고로는 점점 기분이 좋

Season 1 제10화

아진다.
더욱이 생강양념 돼지고기와 달걀덮밥이 등장
하자 고로의 기분은 최고조에 이른다.
"맛있어! 끝내주게 맛있어!! 말이 필요 없는 맛
이야." 밥과 돼지고기 사이에 양배추가 조금 들
어 있는 것도 마음에 들었던 모양이다.
"밥알 한 톨에도 맛이 배어 있어. 게걸스럽게 먹
기에는 이만한 덮밥이 없겠어." 고로는 평소보
다 더 걸신들린 듯 먹는다.
"1300엔입니다." 하는 말에 놀란 고로는 자신의
볼을 꼬집으며 "내게 꿈같은 식당이란 바로 이런
곳입니다." 하고 흡족한 기분으로 식당을 나선다.

생강양념 돼지고기와 달걀덮밥 (しょうが焼き目玉丼)

밥과 돼지구이 사이에 채 썬 양배추가 조금 들
어 있다. 고기 위에 달걀 프라이도 올려놓고
양도 많지만, 가격은 540엔이다. "세련된 레스
토랑에서는 이런 센스를 기대할 수 없지." 하
고 고로도 감탄했던, '게걸스럽게 먹는 게 어
울리는' 덮밥이다.

세키자와 식당 (せきざわ食堂)

소박한 식당을 더없이 사랑하는 원작자 구스
미 씨에게 "싸고 맛있는 음식을 대접하고 싶
다는 '양심'의 결정체 같은 식당", "많은 사람
을 기쁘게 하고 싶다는 '음식점의 근본'을 느낀
곳"이라는 평을 받았던 세키자와 식당이지만,
많은 단골손님의 아쉬움을 뒤로한 채 2014년
5월 29일 문을 닫았다.

"왕도가 이곳에 있다. 단지 받든다. 받아들인다."

「도게노차야 구라」의 '영양 가마솥밥'
고로를 녹아웃 시킨 일품

오래된 민가에서 열리는 수입잡화 시장을 돕기 위해 애마 BMW를 타고 곡창지대인 니가타 현의 도카마치로 향한 고로.

절경인 호시도게의 계단식 논을 바라보고 있자니 갓 지은 하얀 쌀밥이 머리에 떠올랐고, '갑자기, 그리고 맹렬하게 배가 고파졌다. 밥을 먹으러 가자!'며 다시 시골 길을 따라 차를 달린다. 그런 고로의 눈앞에 나타난 곳이 도게노차야 구라였다.

"도로변 음식점. 이런 곳에서 하는 식사는 대성공이거나 대실패, 둘 중 하나야. 도박이다."

식당의 추천 메뉴를 바라보다 독특한 이름에 매

료된다. 고로가 선택한 건 온리 원의 영양 가마솥밥과 단품인 전설의 소고기찌개. 결과적으로 고로의 '도박'은 대성공이었다.

단품인 소고기찌개를 먹으면서 고로는 "서양식 고기와 일본 두부가 융합했어, 이건 세계 평화야.", "먹어도 먹어도 질리지 않아. 그래서 전설이 된 걸까?"라며 음식에 그처럼 독특한 이름이 붙은 이유를 그 나름대로 깨닫는다.

그리고 영양 가마솥밥이 나오자 "승부는 뚜껑을 열기 전부터 정해져 있었다. 나의 완패다. 지나치게 맛있다."라면서 1라운드 5초 만에 녹아웃 패를 솔직하게 인정한다.

Season 3 제11화

"작은 솥 안에 일본의 사계절이 쌀과 함께 담겨 있다. 솥 안에 일본이 있다. 역사가 있다. 자연이 있다. 우주가 있다."

쌀 맛에 KO 당해 이미 경기 끝났다고 생각한 순간, 고로는 "여기. 주먹밥 하나 포장 됩니까?" 하고 김도 재료도 없이 소금만으로 간을 한 주먹밥을 주문한다. 다시 계단식 논으로 향한 고로가 벼이삭을 바라보며 주먹밥을 볼이 미어터지게 입에 쑤셔 넣고 중얼거린 말은 「고독한 미식가」 팬 사이에서 최고의 대사로 꼽히고 있다.

"쌀은 어느 정도까지 맛있을 수 있는 것일까···. 고시히카리*, 그 빛에 구름 한 점 없다!"

---

* こしひかり : 일본의 벼 품종의 하나. 히카리는 '빛'이라는 뜻.

온리 원 영양 가마솥밥
(オンリーワンの五目釜めし)

30분을 기다려야 하고 가격도 비싸지만, 해산물이 가득한 영양 가마솥밥(1380엔). 과연 온리 원이다. 쌀은 물론 근처에서 수확한 고시히카리다. 너무 맛있어서 쌀 한 톨 남기지 않고 먹는 손님들이 많다. 물론 고로가 돼 소금 주먹밥(150엔)을 주문해서 계단식 논을 바라보며 볼이 미어지게 먹는 사람들도 속출하고 있다.

도게노차야 구라
(峠の茶屋　蔵)

주소 : 니가타 현 도카마치 시 기묘 217-1
　　　 (新潟県　十日町市　儀明 217-1)
전화 : 025-597-3390
영업시간 : 11:30~14:30/17:30~20:00
휴일 : 부정기적

"시키면 튀김덮밥….
대체 뭐지!? 왜 이렇게
시커멓지?"

「덴푸라 나카야마」의 '검은 튀김덮밥'
지역주민들이 사랑하는, 중독성 있는 맛

업무상 알게 된 핀란드 여성 조제편이 아기를 가졌다며 복대를 사달라고 부탁하자, 고로는 도내에서 유일하게 순산의 신을 모시는 수이텐구 신사로 가기 위해 닌교초 역에서 내린다.

수이텐구에서 무사히 복대를 구입한 고로는 조제편의 남편에게 줄 선물을 찾기 위해 닌교초 일대를 돌아다닌다. 일본 문화를 느끼게 해주는 선물… 선택이 쉽지 않다.

문득 어떤 소리에 매료돼 들르게 된 곳은 전통 현악기인 샤미센을 파는 가게였다. '샤미센 소리를 들으며 닌교초에서 식사하면 어떤 느낌이 들까?' 고로의 머릿속에는 초밥과 장어, 스키야키, 소바가 계속해서 떠오른다. 마지막으로 떠오른 건 튀김이었다. '바삭하게 튀긴 새우튀김…. 못 참겠다. 생각했더니 배고파….'

'튀김, 튀김' 하고 중얼거리며 닌교초를 헤매는 고로가 좀처럼 튀김 파는 식당이 보이지 않아 포기하려던 순간, 어디선가 풍기는 튀김 냄새에 끌려 찾아낸 곳이 바로 덴푸라 나카야마였다.

식당 안으로 들어가 주인이 직접 운영하는 곳인지를 확인하고는 '탁월한 선택이야. 샤미센 소리와도 멋지게 어울리는 분위기야.'라면서 '낙점된' 맛집에 왔음을 확신한다.

단품 튀김 종류도 많고 게다가 가격대도 저렴하

Season 2 제2화

게 120엔부터 있다. 단품 몇 종류를 주문해 먹고 있는데, 단골손님이 들어와 튀김덮밥을 주문한다. 그 순간, 고로는 무의식적으로 손을 든다.

"여기요, 여기도 튀김덮밥 주세요."

짙은 양념장 색깔에 놀라면서도 '보기와는 전혀 달라. 야무진 간장 맛이 난다고 할까? 정말 맛있어!' 하며, 젓가락질을 멈추지 못한다. 튀김덮밥에 온전히 몰입한 고로는 속으로 이렇게 외친다.

"맛의 세계에 들어왔어! 이건 일본 문화의 맛보기 정도가 아니라 축제야, 축제!"

오오, 어마무시한 검은 튀김덮밥….

검은 튀김덮밥(黑天丼)

단골손님이 주문한 튀김덮밥을 목격한 순간, '응? 뭐지? 어라!?' 하고 조건반사적으로 고로가 주문해버린 검은 튀김덮밥(1020엔)은 겉모양의 임팩트가 강한 음식. 튀김마다 확실하게 양념이 배어 있어도 바삭하게 튀긴 튀김 본래의 식감도 맛볼 수 있어 인기가 높다.

덴푸라 나카야마
(天ぷら 中山)

<u>주소 : 도쿄 도 주오 구 니혼바시 닌교초
1-10-8
(東京都 中央区 日本橋 人形町1-10-8)
전화 : 03-3661-4538
영업시간 : 11:15~13:00/17:30~20:45(재료가
동나면 일찍 문 닫음.)
휴일 : 토요일, 일요일, 공휴일</u>

구스미가 말한다

'고독한 미식가'에 어울리는 음식점의 조건

- ☺ 요리에 남다른 고집과 애정이 있다.
- ☺ 음식값을 조금이라도 싸게 하려는 주인의 마음가짐이 있다.
- ☺ 식당 분위기에서 오랜 세월에 걸친 변화를 느낄 수 있다.

시즌 1 맛집 순례

고토 구 몬젠나카초 역_ 닭꼬치구이와 볶음밥

스기나미 구 에후쿠 역_ 오야코돈과 야키우동

나카노 구 사기노미야 역_ 돼지 등심 마늘구이

가나가와 현 가나가와 시 핫초나와테 역_ 일인용 야키니쿠

세타가야 구 시모키타자와 역_ 히로시마 오코노미야키

분쿄 구 네즈 역_ 아주 매운 맛 카레

메구로 구 나카메구로 역_ 소키소바와 돼지 아구 천일염구이

중국식 볶음밥이 아니라 일본식 볶음밥(和風焼きめし, 700엔). 치어와 우메보시를 넣어 볶은 밥에 시소를 얹었다. 고로는 "이거, 좋은데!" 하며 기세 좋게 먹는다.

쇼스케의 닭꼬치구이는 총 7종류(焼き鳥, 각 180~300엔). 고로는 전부 소금구이로 주문. '다음에는 양념구이를 주문해서 흰밥에 먹어보고 싶군.'이라는 말을 남기고 떠났다.

메보시가 들어간 볶음밥과 피망&쓰쿠네*에 감동

쇼스케 고토 구 몬젠나카초 역의 꼬치구이와 볶음밥

래된 선술집이 밀집해 있는 몬젠나카초는 후
가와하치만** 신사 앞에 형성된 시가지로 오
전부터 번성했던 번화가다. 업무차 이곳에 온
로는 후카가와하치만 신사에서 사업 번창과
불어 뭔가 다른 한 가지를 더 기원한다. 그리
예의 그 대사를 읊는다.

그나저나 배가 고프군. 식당을 찾자."

자, 어느 쪽으로 가야 할까?" 맛있는 음식을 찾
헤매던 고로는 '내 경험상 오래된 맛집을 찾
려면 강가를 공략하는 게 정답이었지!'라면
에타이도오리 거리를 건너 반대쪽 지류 근처
로 간다. 그리고 그 선택은 '정답'이었다.

"이것도 저것도 다 맛있어 보여. 하지만 성급하
게 결정하면 안 돼…'

점심으로 고등어 미소구이를 먹었음을 떠올린
고로는 일단 생선은 제외한다. '지금 내 배는 무
엇을 원하지?'라며 자문자답하는 고로의 눈에
들어온 건 닭꼬치구이라고 적힌 예스러운 붉은
포렴이었다.

"그래, 닭꼬치구이야! 식사가 될 만한 것도 분명
있겠지."

소박한 식당 안 카운터에 앉아 꼬치구이의 종류
를 묻자 여주인은 대사를 읊듯 술술 대답한다.

"대파, 물렁뼈, 껍질, 모래집, 날개, 간, 쓰쿠네,
모두 일곱 종류고 모두 소금구이입니다."

고로는 소금구이만으로 일곱 종류 꼬치구이를
모두 주문하고 하나씩 하나씩 차례로 먹는다.

"맛있어! 정말 맛있어! 닭꼬치가 이렇게 맛있는
음식이었나?"

어느새 한 꼬치밖에 남지 않은 쓰쿠네를 입안
가득 물고 고로는 또 '맛있어!'라고 탄성을 지
른다. "뭔데 이렇게 맛있을까? 저절로 웃음이
나오는 맛이야." 고로는 무척 만족한다.

....

* つくね : 으깬 어육이나 닭고기에 계란을 넣어 경단처럼 둥글
게 빚은 음식.
** 深川八幡 : 하치만 신을 모시는 신사로 도쿄 고토 구에 위치
한다. 정식명칭은 도미오카하치만구(富岡八幡宮). 이곳에서 매
년 8월 15일을 중심으로 열리는 후카가와마쓰리는 370년의 역
사를 자랑하는 큰 축제다.

줄거리

대중 술집의 격전지를
산책하다

'몇 년 만이지? 학생시절 후카가와마쓰
리를 보러 오고 나선 처음인가…' 하고
생각하면서 고로는 몬젠나카초(門前仲
町) 역에 내린다. 그가 취급하는 상품을
보고 싶다는 카페 여주인을 찾아갔다
가, 무시무시한 따발총 수다에 완전히
지쳐버린 고로는 전부터 한번 가보려
고 했던 골동품 가게를 둘러보고 나서
후카가와하치만 신사 앞을 지나간다.

25

술집 골목 모퉁이 붉은 포렴이 인상적인 쇼스케. 「고독한 미식가」에 꼭 '나올 법한' 음식점으로 역시 시즌1 제1화에 등장했다.

바삭하게 구운 복주머니 모양의 유부 속에 가리비와 오크라가 들어 있는 **신겐부쿠로**(信玄袋, 400엔), 고로는 '이게 후쿠부쿠로'였다면 땡잡은 거네.'라고 생각한다.

리고 궁금했던 메뉴 임연수 스틱과 신겐부쿠
를 주문했는데 이번에도 대성공이었다. 고로
'맛있는 요리를 먹게 해달라고 하치만 신에
올렸던 기도가 효험이 있었나 보다.'라고 생
한다. 막대 모양으로 만들어서 구운 임연수 스
은 '일본식인지 서양식인지 모르겠지만' 훌륭
맛을 냈다. 그리고 유부 속에 가리비와 오크
를 넣어 바삭하게 구운 신겐부쿠로도 마음에
다. "이게 후쿠부쿠로(복주머니)였다면 땡잡은
네. 그래, 이거야 이거! 오늘은 운이 좋아."
로가 열심히 먹고 있는데, 단골손님이 안으로
들어온다. 주인과 가볍게 잡담을 나누더니 "일
쓰쿠네 세 개. 아, 그리고 피망도 줘요." 하며
늘 먹던' 것을 주문한다. 그런데 단골손님은 반
으로 자른 생피망에 쓰쿠네를 하나씩 손으로 눌
러 넣고는 먹기 시작하는 게 아닌가!
그 모습을 본 고로는 자신도 모르게 손을 들고
"여기요, 쓰쿠네 두 개와 피망 주세요." 하고 주
문한다. '쓰다! 하지만 맛있어. 쓰고 맛있어!' 사
각사각 소리를 내며 맛있게 먹던 고로는 밥 생
각이 간절해져서 여주인에게 묻는다.
"여기, 밥도 있습니까?"
그러자 여주인은 볶음밥은 있다고 대답한다. 중
국식이 아닌 일본식 볶음밥… 대체 어떤 음식

단골손님이 먹는 모습을 보고 고로가 주문한 쓰쿠네(つ
くね, 200엔)와 생피망(140엔, 3조각). 아삭아삭한 소리에
자극받아 주문하는 손님도 많다.

이 나올까 하고 기대하던 고로는 마침내 나온
음식이 중국식 볶음밥이 아니라 일본식 볶음밥
이라는 걸 확인한다. 밥 사이로 치어와 우메보
시가 보이고, 위에 시소 잎이 올라가 있다.
'응? 시큼한 맛… 우메보시구나!' 볶음밥을 먹
는 고로의 기세는 누그러지지 않는다.
'볶음밥에 우메보시를 넣다니. 대단한 발상이
다! 이거, 아주 좋은데!'
늘 그렇듯이 조금 과식했지만, 고로는 기도를
들어준 하치만 신에게 감사하며 행복한 기분으
로 음식점을 나선다.

쇼스케(庄助)

주소 : 도쿄 도 고토 구 도미오카 1-2-8
　　　(東京都 江東区 富岡 1-2-8)
전화 : 03-3643-9648
영업시간 : 17:30~23:00
휴일 : 일요일, 공휴일

고로의 차갑게 식은 몸과 마음을 데워준 따뜻하고 달콤한 오야코돈(親子丼, 700엔). 닭고기와 달걀의 부드러운 식감이 일품이다. 고로는 '오야코돈은 따뜻한 여운이 있구나.' 하고 감동한다.

야키소바로 할까 갈등했지만, 야키우동이 정답이었다(焼きうどん, 670엔). 소스가 잘 밴 도톰한 면과 가쓰오부시, 그리고 모락모락 피어나는 김이 식욕을 돋운다.

도 마음도 따뜻해지는 오야코돈과 야키우동

유료 낚시터, 무사시노엔

기나미 구 에후쿠 역의 오야코돈과 야키우동

에후쿠(永福)…. 저절로 운이 좋아질 것 같은 명이다. 조용하고 차분한 거리야. 의외로 밥 도 많고. 하지만 오늘은 왠지 식욕이 없군….' 로는 한숨을 쉬며 중얼거린다. 그도 그럴 것 최근 들어 계약이 줄줄이 취소됐고, 더구나 제는 물건이 제때 도착하지 않아 거래처의 핀 산과 억지를 그대로 받아줘야 했다. 고로의 기 은 말 그대로 바닥이었다. 게다가 오늘은 오 래전부터 친숙하게 지내던 단골손님이 차 한잔 하자고 해서 니시에후쿠까지 왔지만, 액막이 기 도도 효험이 없었는지 그 약속마저 무산돼 난감 한 상태다. "액막이 기도가 효과가 없는 모양이 야. 시줏돈이 너무 적었나… 시간도 있으니 일 단 조금 걷자."
그런 고로의 시선이 멈춘 곳은 유료 낚시터 **무사 시노엔**이었다.
"유료 낚시터…. 그래, 기분전환이라도 할까?"

무기력한 표정으로 낚시를 시작한 고로는 그러 나 곧 '아, 이런 느낌, 잊고 있었어. 괜찮은데?' 하며 언짢았던 기분이 조금 풀린다. 하지만 몇 번이나 낚싯대를 드리워도 물고기는 미끼만 따 먹고 도망갈 뿐이다. 축 처져 있는 고로에게 그 곳 단골인 듯한 기이한 낚시꾼이 말을 건넨다.
"그렇게 조급해하면 안 돼. 그러면 잡힐 것도 안 잡혀. 사람은 절대 조급해하면 안 돼."
마음을 비우고 느긋하게 물고기에게 먹이를 뿌 려주다 보니 고로는 조금 기분이 나아졌다.
"왠지 나도 갑자기 배가 고파졌어…. 내 배는 지 금 뭘 원할까? 침착하게 내 배의 소리를 들어보 자…. 하지만 안 되겠어. 역 근처로 갈 때까지 못 참겠어."
강렬한 허기에 마음이 급해진 고로가 올려다 본 곳에 '식사'라고 적힌 간판이 있다!
"여기면 됐어. 아니, 여기가 좋아. 분명히 괜찮

줄거리

행운에 버림받은 고로가 찾아간 에후쿠

최근 들어 계약 취소가 이어지는 등 아 무래도 운이 없어 보이는 고로. 그가 오랜 단골의 초대로 찾아간 곳은 스기 나미 구의 니시에후쿠(西永福) 역. 지나 는 길에 신사에 들러 액막이 기도도 올 렸지만, 단골과의 약속까지 취소된다. 그런 고로가 향한 곳은?

와다호리 공원에 인접해 있어서 나무로 둘러싸인 유료 낚시터
무사시노엔. 미끼와 낚시도구 대여를 포함해 1시간에 700엔.
합리적인 가격에 낚시를 즐길 수 있는 것도 매력이다.

기이한 낚시꾼도 강력히 추천했던 무사시노엔의 단팥죽
る こ, 350엔). 적당한 팥의 양으로 기분 좋은 단맛을 만
고로의 몸과 마음을 '되살린' 디저트다.

이야!" 지푸라기라도 잡는 심정으로 낚시터
을 선택했지만, 지옥에서 부처를 만난다는
바로 이런 상황을 두고 하는 말일 것이다.
말 훌륭한 선택이었다.
, 정식도 있네. 좋아! 이걸로 하자!"
솟은 고로는 그답지 않게 망설임 없이 곧
로 오야코돈과 야키우동을 주문한다. 소스가
하게 밴 두꺼운 우동 위에서 가쓰오부시가 춤
추고 있다.
을 먼저 먹는 게 정석이지만 이 모락모락 피
오르는 김을 어떡해! 못 참겠어!"
로는 허겁지겁 야키우동을 먹는다. '야키소바
할까 하고 잠시 갈등했지만, 이게 정답이었
! 면이 정말 부드럽군.' 그리고 잠시 후 오야코
으로 젓가락을 옮긴 고로는 '응? 달아! 달콤
달걀 맛에 왠지 마음이 치유되는 기분이야.'
고 중얼거린다. 그렇게 마음이 풀어지면서 몸
이내 따뜻해진다. '바닥'에서 완전히 벗어난
고로는 점점 들뜨는 걸 느낀다. 그리고 '이 야키
우동은 반찬으로도 제격이군. 응, 잘 어울려. 아
주 좋아!' 하며 두 가지를 동시에 먹어치운다.
완전히 본래 모습으로 돌아온 고로는 여세를 몰
아 디저트로 단팥죽까지 주문한다. 그러자 건너

고로가 야키우동과 함께 순식간에 비워낸 오야코돈.
'달콤한 달걀 맛에 왠지 마음이 치유되는 기분이야.'

편 자리에서 술을 마시고 있던 기이한 낚시꾼도
끼어들어 단팥죽을 칭찬한다.
'오~ 정말 잘 만들었는데. 아! 되살아났다. 몸도
마음도 되살아났어!' 고로의 만족해하는 표정
을 본 기이한 낚시꾼이 또다시 말을 건넨다.
"표정이 아까하고는 전혀 달라."
그리고 보니 어느새 어제 일은 까맣게 잊고 있
었다는 사실을, 고로는 새삼스럽게 깨닫는다.
그리고 '사람 사는 일에 좋은 날도 있고, 나쁜
날도 있다.'는 깨달음을 새삼스럽게 얻고는 낚
시터를 나선다.

유료 낚시터 무사시노엔 (武蔵野園)

주소 : 도쿄 도 스기나미 구 오미야
2-22-3
(東京都 杉並区 大宮 2-22-3)
전화 : 03-3312-2723
영업시간 : 9:00~17:00
휴일 : 화요일

마늘 맛이 확실하게 느껴지는 등심 마늘구이는 정말 밥 친구로는 딱이다. 맥주 안주로도 훌륭한 일품요리.

등심 마늘구이 정식(ロースにんにく焼, 900엔). 두툼한 등심 두 덩이의 푸짐한 양. 수제 마카로니 샐러드도 반응이 좋다.

둠가스&단골 추천의 돼지 등심 마늘구이

미야코야
나카노 구 사기노미야 역의 돼지 등심 마늘구이

'그 남자가 없었다면 지금의 나는 이 세계에 없었을지도 모른다….'

고로는 그렇게 말한 옛 친구 요시노의 수입잡화점이 있는 사기노미야 역에 내린다. 그곳은 신주쿠에서 전철로 20분 정도 거리에 있는 주택가다. 고로는 옛 친구의 가게에 들르기 전에 먼저 개업을 앞두고 실내장식에 사용할 소품들의 구매 상담을 요청한 미용실로 향한다.

"입구에 손님의 마음을 치유할 수 있는 오브제를 놓고 싶어요. 우리는 손님의 머리는 돌봐줄 수 있지만, 마음까지 돌볼 수는 없잖아요?" 미용실 원장의 의도는 이해했지만, 원장이 머릿속에 그리는 이미지는 고로의 상상력을 한참 뛰어넘은, 이해할 수 없는 영역에 있었다.

상담을 끝내고도 마음이 개운하지 않은 고로는 친구의 가게로 향한다. 지나는 길에 화과자점에 들러 밤찹쌀떡을 하나 사서 한입 베어 무는데 맛이 기막히다. 그 김에 밤찹쌀떡 5개를 사서 친구에게 선물하기로 한다.

친구 요시노의 가게에 도착해보니 그곳은 중고 옷 가게로 바뀌어 있었다. '어라? 분명히 여기가 맞는데….' 하며 고로는 조심스럽게 가게 안으로 들어간다.

"저기… 이노가시라라고 합니다만, 요시노 씨는….'이라고 말하는 순간, 뒤를 돌아본 여인은… 아니, 남자는 바로 요시노였다.

"어머~ 고로 짱, 어서 와!"

반갑게 인사하는 요시노의 행색에 놀라 고로는 말을 잇지 못한다. 수입잡화상이 어떤 것인지를 그렇게 열정적으로 가르치던 상남자 요시노가 왜 화려한 여장 남자로 변신했을까? 사정을 들어보니 중고 옷 가게도 다른 사람에게 넘기고 여행을 떠나려는 모양이다.

"나는 누군가를 사랑할 수는 있지만 아이를 낳을 수는 없어….'

복잡한 심정으로 가게에서 나온 고로는 '왠지

줄거리

옛 친구와의 재회를 기대하며 내려선 사기노미야 역

두 가지 이유로 나카노 구의 사기노미야(鷺ノ宮) 역에 내린 고로. 하나는 개업하는 미용실의 소품 의뢰. 그리고 또 하나는 수입잡화상의 기본 노하우를 가르쳐줬던 옛 친구 요시노와의 재회였다. 자신의 이해범위를 넘어선 손님의 주문에 지친 고로는 요시노의 가게로 향하는데….

とんかつ
みやこや

☎ 3336-7037

とん かつ
みやこや

とんかつ みやこや

当店では、群馬県産耳内豚を使用しております。
布根房完熟の豚舎で育てたおいしい安全な豚肉を
たっぷりお召し上がり下さい。

ロースかつ定食 880 円

ヒレかつ定食 1550 円

ロースにんにく焼定食
900 円

너무나 '직설적인' 간판의 돈가스 전문점 미야코야.
돈가스 외에도 다양한 메뉴가 있는데, 매일 오는 단
골을 위해 메뉴를 계속 늘려왔기 때문이라고 한다.

돈가스와 치킨가스로 쌓은 '이 층집'의 모
둠가스 정식(ミックスカツ定食, 900엔).
맛도 양도 대만족이었던 메뉴다.

유는 모르겠지만 몹시 배가 고파' 거리를 헤
다. 그런 고로의 눈에 띈 곳은 돼지 그림이 그
진 돈가스 전문점이었다. '돈가스… 오랜만
기름진 것 좀 먹어볼까?' 하고 안으로 들어
자 카운터는 단골손님이 차지하고, 게다가
낮부터 술을 마시고 있다. 벽에 붙어 있는 메
를 보니 술안주도 많아 보인다. 고로의 시선
: 돈가스와 치킨가스 사이를 바쁘게 오가다
' '갈등하게 될 때는 두 가지를 다 주문한다.'
: 그 나름의 원칙을 떠올린다. 닭과 돼지 사이
서 갈등할 때는 역시 모둠가스가 정답! 이 층
로 쌓아올린 넉넉한 양의 모둠가스를 바라보
서 고로는 다시 소금과 소스 사이에서 고민
다. 그리고 '이 층일 때는 소스!' 하고 마음을
한다.
먼저 돈가스를 한입 먹는다. 겉은 바삭하고 속
은 촉촉하다! 반찬이 맛있으면 밥도 맛있는 법!
채 썬 양배추 옆에 놓인 마카로니 샐러드도 집
에서 만든 것 같은 느낌이 들어 딱 좋다. 그때 술
을 마시던 단골손님의 말이 들린다.
"주인장! 이제 마늘구이 줘!"
궁금한 듯 바라보는 고로에게 단골손님이 기
분 좋게 말한다.

돈가스 전문점다운 메뉴가 걸려 있지만, 그 이외의 메뉴
도 결코 무시할 수 없는 식당이다.

"돈가스도 맛있지만 마늘구이도 맛있습니다."
고로는 망설임 없이 손을 든다.
"여기요, 마늘구이 주세요!"
공깃밥까지 추가해 밥과 함께 고기 한 점을 입
에 넣자 저절로 웃음이 나온다. '매운가? 아니,
달다. 매콤달콤해! 좋아, 아주 좋아~ 마늘구이,
정말 좋군.'
순식간에 그릇을 비운 고로는 음식점을 나서며
중얼거린다. '흰밥이랑 환상의 궁합이야. 사기
노미야, 정말 마음에 들었어. 술을 못 마시건, 아
기를 못 낳건 참 좋지 않나, 사기노미야…'

미야코야(みやこや)

주소 : 도쿄 도 나카노 구 사기노미야
3-21-6
(東京都 中野区 鷺宮 3-21-6)
전화 : 03-3336-7037
영업시간 : 11:30~15:00/17:30~23:30
휴일 : 화요일

40년 넘게 육류 공급처를 바꾸지 않고 늘 신선한 고기를 제공하고 있다. 비법의 양념을 무기로 외톨이 늑대들을 유혹하고 있다.

식당 주인이 홋카이도에서 배웠다는 양고기구이 칭기즈칸(ジンギスカン, 1030엔). 칭기즈칸의 맛에 감탄한 고로는 '이건 야키니쿠와는 또 다른 세계다!' 하고 마음속으로 외친다.

간 화력발전소가 돼 고기를 먹다

쓰루야

가나가와 현 가와사키 시 핫초나와테 역의 일인용 야키니쿠

로는 고객을 나리타 공항까지 차로 배웅하고
아가는 길에 게이힌 공업지대 공장이 밀집해
는 가와사키를 지나게 된다. 오랜만에 이 부
을 지나는 고로는 '여전히 엄청나네.' 하며 차
를 세우고 공장 굴뚝에서 솟아오르는 연기를 바
본다. '마치 거인의 내장이 그대로 드러난 것
군. 창자, 위장…. 남자들은 왜 이런 모습에 감
하는 걸까…'
언제까지고 바라볼 수 있을 것 같은 기분으로
공장 풍경에 매료됐던 것도 잠시, '왠지 갑자기
배가 고파졌어. 뭘 먹을까? 난 뭐가 먹고 싶은
걸까?' 하며 자문자답하는 고로의 머릿속에 떠
오른 건 거대한 공장이 드러내고 있는 '내장'이
었다. '이런 곳에서는 역시 고기를 먹는 게 어울
리지!'
가와사키 역 부근부터 음식점을 탐색하던 고로
의 눈에 들어온 건 '야키니쿠 칭기즈칸 쓰루야'
라는 글자였다. '노란 바탕에 빨간 글자. 괜찮

군.' 하고 식당 안을 살짝 들여다보지만 빈자리
가 없다. 포기하고 다시 헤매다 보니 어느새 핫
초나와테 역까지 걸어와 버린 모양이다. 야키니
쿠를 찾아 헤매던 고로는 아까 보았던 식당으로
돌아갔고, 다행히 빈자리가 몇 곳 있었다. '다행
이다! 지금이라면 먹을 수 있겠군. 돌아오길 잘
했어.'
안내받은 카운터에는 작은 일인용 구식 불판이
자리마다 놓여 있다. 카운터에 앉은 사람들은
모두 '외톨이 늑대들'이다. '이런 느낌 괜찮네.
혼자 먹는 야키니쿠!' 메뉴를 보니 고기도 부위
별로 다양하게 갖춰져 있다. 잠시 갈등했지만,
고로가 선택한 건 갈비와 안창살이다. 물론 밥
과 김치도 잊지 않는다.
기본으로 나오는 양배추 샐러드를 먹고 기대
이상의 맛에 고로는 놀란다. '이 드레싱, 상당
히 괜찮은데? 고기가 더욱 기대되는군.' 기대가
점점 커지는 가운데 마침내 주문한 고기가 나

◆ 줄거리

게이힌 공업지대에서 찾아낸
절묘한 맛의 야키니쿠

고객을 나리타 공항에서 배웅하고 돌
아오는 길, 이후 일정이 없었던 고로는
오랜만에 가와사키를 지나며 공장지대
의 위압적인 풍경에 잠시 빠져든다. 배
가 고파진 고로의 머릿속에 떠오른 건
야키니쿠였다…. 가와사키 역 부근부터
식당을 탐색하며 걷다 보니 어느새 다
음 역인 핫초나와테(八丁畷) 역에 도착
했다.

노란색 바탕에 빨간 글자로 '야키니쿠'라고 적힌 입간판이 인상적인 쓰루야. 야키니쿠 외에 칭기즈칸도 있다.

야키니쿠뿐 아니라 곱창 등 내장 부위도 다양하다. 고로는 소장인 곱창과 시비레(シビレ, 각 650엔)를 주문했다.

다. 고로는 고기를 한 점씩 조심스럽게 불판
에 올린다. '이 소리야. 마침내 내가 먹을 고기
가 소리를 내기 시작했어. 아, 이 냄새… 못 참겠
군.' 고로는 먼저 갈비를 먹고 '맛있어! 정말 고
기다운 고기야.' 하고 마음속으로 외친다. 양념
갈비는 흰밥과 더할 나위 없는 궁합이다. 안창
살도 기대를 저버리지 않는다. '느끼할 거라고
생각했는데, 입속에서 사르륵 녹는군….'
다진 마늘을 양념장에 넣자 묵직한 맛이 더해진
다. 양배추와 같이 먹어도 맛있다. 물론 김치와
밥의 궁합은 말할 필요도 없다. '이런 고기라면
얼마든지 먹을 수 있을 것 같군.'
겉옷을 벗고 전투태세에 들어간 고로는 같은 고
기를 추가로 주문하려다가 입구에 있던 간판을
떠올리고는 칭기즈칸을 주문한다. 단골손님이
대부분 주문하는 시비레*도 잊지 않는다.
'이건 야키니쿠와는 전혀 다른 세계야. 이런 전
개도 멋지군. 칭기즈칸, 맛있어!' 하고 마음속으
로 외친다. 다음으로 어떤 맛일지 궁금했던 시
비레를 먹는 고로. '과연~ 황홀한 맛이야!' 고로
의 기분은 최고조에 이른다. '뭔가 몸이 뜨거워
졌어. 마치 내 몸은 제철소. 위장은 용광로가 된
것 같아. 우아! 마치 인간 화력발전소가 된 기분

보기만큼 맵지는 않았던 수제 김치, 그리고 역시 밥반찬
으로 좋은 창난젓(각 470엔도) 일품.

이야!'
온몸이 땀으로 흥건해진 고로는 식당에서 나오
며 생각한다.
'야키니쿠는 역시 공장지대인 가와사키와 잘
어울려. 남자는 겉모습을 빼고 보면 누구나 본
질적으로는 공장이 아닐까….'

....

* 시비레(sweetbread) : 소, 양, 돼지 등의 췌장 또는 흉선을 의미
하는 요리용어. 부드럽고 매끄러운 식감과 섬세한 맛이 있으며,
특히 프랑스 요리와 이탈리아 요리의 고급 식재로 애용된다.

쓰루야(つるや)

주소 : 가나가와 현 가와사키 시 가와
　　　사키 구 니쓰신초 19-7
　　　(神奈川県 川崎市 川崎区 日進
　　　町 19-7)
전화 : 044-211-0697
영업시간 : 18:00~21:30(주문 마감
　　　　　21:00) 재료가 동나면 일찍
　　　　　문 닫음.
휴일 : 화요일+부정기적

고로가 처음에 주문했던 면이 들어간 HIROKI 오코노미야키(お好み焼き, 1350엔). 오징어와 가리비 등의 해산물이 푸짐하다.

철판구이로 주문한 가리비 마늘구이(ホタテのガーリック焼, 900엔). 마늘이 가리비의 맛을 한층 살려준다.

향대로 먹는 오코노미야키*

HIROKI 시모키타자와 역의 히로시마 오코노미야키

이브하우스와 소극장이 밀집해 있는 서브컬처의 성지 시모키타자와에 고로 역시 연극을 보러 찾아갔다. 공연 중에 깊은 잠에 빠졌던 고로가 깨어 보니 주연 여배우 시노미야가 압박감을 견디지 못하고 사라져 소동이 일어난 상태였다. 사실 고로가 극장에 갔던 이유는 이 연극의 연출을 맡은 친구 요시하라를 만나기 위해서였지만, 대화할 상황이 되지 않아 시모키타자와 거리를 어슬렁거리며 '뭘 먹을까?' 하고 고민한다. 그러던 중 그는 여배우 시노미야를 발견하고는 무심코 그녀를 따라간다. 그런데 시노미야는 타코야키, 닉쿤롤(고기말이 오니기리), 크레이프 등 맛있어 보이는 음식을 파는 식당을 지날 때마다 멈춰 서서 안을 구경하는 게 아닌가. 허기진 고로는 그녀가 멈췄던 식당의 음식을 사 먹으며 계속 뒤를 따랐다.

결국, 미행을 들킨 고로는 시노미야와 함께 찻집에서 이야기를 나누지만, 울음을 터뜨린 그녀에게 건넬 위로의 말이 생각나지 않는다.

"연극은 잘 모릅니다만, 마지막 장면에서 당신의 웃는 얼굴은 정말 아름다웠습니다."

고로는 그렇게 말하고 그녀가 멈췄던 음식점에서 사온 것들을 건네주고 나간다.

'아, 맞다! 나는 배가 고팠었지! 자, 이제 식당을 찾으러 가자! 그런데 이 동네는 참 변함없이 허름해.' 그런 고로의 시선이 멈춘 곳은 오코노미야키 전문점인 HIROKI였다. '아, 오코노미야키가 있었지! 괜찮겠는데? 히로시마식이라고 했으니 아주 두툼하게 나오겠지.'

상당히 배가 고팠던 모양이다. 고로는 그답지 않게 대번에 메뉴를 정했다. HIROKI 스페셜(오징어·새우·가리비·시소) 오코노미야키와 문어, 가리비, 굴 철판구이까지 주문한 고로는 양이

* お好み焼き : 밀가루 반죽과 각종 채소와 해산물 등을 이용해 철판에 굽는 요리로 일본의 대표적인 대중음식이다. 굽는 방법과 재료는 지역마다 다른데, 히로시마식은 반죽과 재료를 섞지 않고 철판 위에서 덮고, 소바나 우동 같은 면을 넣는 게 특징이다. '오코노미'라는 단어는 원래 취향, 좋아하는 것을 뜻하지만, 오코노미야키의 어원과는 관계없다.

줄거리 ### 서브컬처의 거리 시모키타자와에서 연극을 보고 나서

고로는 친구 요시하라가 연출한 연극을 보기 위해 시모키타자와(下北沢) 역에 내렸다. 하지만 자기도 모르게 관람 중에 잠이 든다. 고로를 깨운 요시하라와 인사를 나누는데 갑자기 주위가 소란스럽다. 주연 여배우가 압박감을 이기지 못하고 도망가버린 것이다. 극장에서 나와 걷다가 그 여배우를 발견한 고로는 무심코 그녀를 미행하기 시작한다….

허름한 동네 시모키타자와는 의외로 오코노미야키의
격전지이기도 하다. 특히 HIROKI는 역에서 도보 3분
거리에 있는 인기 있는 맛집이다.

고로는 문어 철판구이(タコの鉄板焼, 800엔) 세 가
지 맛 중에서 히로시마 대파와 유자 폰스를 선택했다

무 많다 싶어 살짝 후회한다. '바다의 대표 주
를 셋이나 주문해버렸군…. 하지만 괜찮아.
향대로 먹어야 진정한 오코노미야키지!' 하
고로는 자신의 선택을 합리화한다.

해산물 철판구이는 문어와 가리비 등 신선한 재료를 쓰
는데, 히로시마 대파와 유자 폰스*, 향초 버터구이, 마늘
구이의 세 가지 맛 중에서 한 가지를 고를 수 있다.

침내 나온 세 종류의 철판구이는 하나같이 대
하다. 먼저, 철판구이 문어는 보기에도 신선
히로시마 대파의 숲 속에서 숨바꼭질하고 있
다. '오, 탱글탱글~ 탱글이 문어다. 맛있어!
글이 문어, 맛있어!' 이어서 가리비 마늘구이
를 입에 가득 넣고는 '이것도 훌륭해! 이건 부
럽고 섬세한 맛이야.' 하며 젓가락질을 멈추
지 않는다. 마지막으로 굴 버터구이를 맛보며
생각했던 대로야. 바다의 우유와 버터가 어울
리지 않을 리 없지.' 하며 먹어치운다.
그리고 마침내 HIROKI 스페셜 오코노미야키가
나왔다. '엄청나군~! 크기도 크고 해산물도 푸
짐하고. 좋아! 먹어보자.' 철판 위의 오코노미
야키를 신중하게 사등분한 고로는 유쾌하게 먹
기 시작한다. 대파도 양배추도 절묘한 단맛을
낸다. 그 위에 마요네즈까지 뿌린 고로는 희열
에 찬 웃음을 짓는다. '음~. 이 맛, 그래 이 맛이
야! 오코노미야키는 바로 이런 맛이어야 해!'
감정이 최고조에 이른 고로는 '맛있군, 정말 맛
있어. 철판구이는 뭐랄까, 라이브 공연 같은 느

낌이 있어. 하나로 뭉쳐 있어도 각각의 재료가
지르는 환호성이 들리는 것 같아. 그래, 철판은
공연 무대야!'
더없이 만족한 고로가 식당에서 나오자 공연을
끝낸 시노미야가 웃으며 극장 앞에서 관객들에
게 인사하고 있다.
"최고의 미소다…."
그 말을 남기고 고로는 시모키타자와 역을 향해
걷기 시작했다.

* ポンズ : 감귤이나 명귤, 유자 등을 이용해 만든 향산성 혼합
초, 근래에는 식초, 간장, 다시를 사용하여 만든다.

히로키(HIROKI)

주소 : 도쿄 도 세타가야 구 기타자와
2-14-14
(東京都 世田谷区 北沢 2-14-14)
전화 : 03-3412-3908
영업시간 : 12:00~23:00(주문 마감
22:00)
휴일 : 연중무휴

감자를 비롯한 큼직한 채소들이 풍부하게 들어간, 왠지 정겨운 아주 매운 맛 카레라이스(特辛カレーライス, 600엔). 제대로 맵고 맛있다!

프라이팬에 구운 식빵에 자반고등어를 넣은 놀라운 샌드위치. 메뉴판에는 없는 비밀 메뉴 가운데 하나로 단골손님이 되면 만날 수 있을지도!

시 먹고 싶어지는 카레라이스

스미레
분쿄 구 네즈 역의 아주 매운 맛 카레

카레라이스

2~ 여기서도 이렇게 보이는구나.' 하고 고로
감탄한 건 뒤쪽으로 웅장하게 솟아 있는 도
스카이트리*였다. 번화가 분위기가 가득한
나카긴자 상점가를 '이런 풍경 정말 좋아!'
며 걷던 고로가 도착한 곳은 후배 마키의 가
였다. 안을 살짝 들여다보니 마키는 식사 중
다. 그 동네에 적응한 그녀 모습에 안도하고
게에서 나왔지만, 고로의 머릿속에는 마키가
던 샌드위치에 대한 생각이 떠나지 않는다.
그 샌드위치, 맛있어 보였는데. 왠지 배가 고파
졌어…'

하지만 갑자기 소변이 급해진 고로가 화장실
을 가기 위해 들어간 곳은 네즈 역에서 도보로
5분 거리 뒷골목에 있는 지극히 서민적인 일본
식 주점 스미레다. 이곳은 조금 나이가 들어 보
이는 여성과 젊은 여성 둘이 꾸려가는 조촐하고
아담한 식당이다. 화장실만 빌리기는 미안해서
카운터에 앉은 고로는 젊은 여주인을 보고 생

각한다. '이런 곳을 소박한 주점이라고 하는 거
겠지.' 여기서 소박하다는 건 '잘난 체하지 않는
다', '꾸미지 않는다', '솔직하다'는 뜻이다. 정
말로 소박한 식당으로, 많은 단골이 끊임없이
드나들고 있었다.

식당 안에 있던 단골손님이 고로에게 "한잔 하
시지?" 하고 권했지만 술을 마시지 못하는 고로
에겐 불가능한 일이다. 고로는 눈에 가장 먼저
들어온 미소양념 닭국을 주문하고는, '오~ 맛
있군. 좋은데? 닭국으로 몸이 훈훈해지는 기분'
이라며 그릇을 깨끗하게 비운다. 하지만 양이
부족한 고로가 음식을 더 주문하려고 하자, 젊
은 여주인이 말한다.

"꽤 배가 고프셨나 봐요. 뭐 특별히 드시고 싶은
거 있어요?"

....

* 東京スカイツリー : 도쿄 도 스미다 구에 세워진 전파탑. 높이
634미터로 세계에서 가장 높은 자립식 전파탑이다.

줄거리

'서민 풍정이 가득한
야나카긴자 상점가에서

고로는 네즈에 가게를 낸 지 3년 된 후
배 마키를 방문하기 위해 닛포리(日暮
里) 역에 내렸다. 개인 상점이 많은 야
나카긴자(谷中銀座)의 풍경을 즐기며
걷는데 화과자점에 '가린토 만주'라는
글자가 눈에 들어온다. 바삭한 식감에
반해 스무 개 정도를 사서 후배의 가게
에 찾아간다.

45

네즈의 뒷골목에 있는 스미레. 서민적이고 편안한 분위기에 반해 찾는 사람도 많다. 고로는 '처음 왔는데도 집에 돌아온 기분'이라고 말한다.

닭 껍질의 단맛이 진하게 응축될 정도로 푹 삶은 미소 양념 닭국(鳥の味噌煮込み, 400엔). 몸이 따뜻해지는 요리다.

순간, 당황하면서도 고로가 떠올린 건 아까
ㅣ가 먹고 있던 그 맛있어 보이는 샌드위치였
고로는 무리한 부탁이라고 생각하면서도 일
말을 꺼내본다. 그러자 여주인은 잠시 놀라
듯하더니 곧 "해드릴 수 있어요, 샌드위치."
고 대답한다.

주점은 똑같은 메뉴 음식만 계속 먹다 보면
골손님들이 지겨워하기 때문에 아무거나 먹
싶은 걸 주문하면 곧바로 만들어줄 준비가
있다고 한다. 그래서 메뉴판에는 없는 비밀
뉴가 다양하다. 고로의 요청에 따라 나온 건
등어 샌드위치였다. 살짝 당황한 고로는 혹시
리지는 않을지 불안해하며 한입 먹어보고는
얼거린다. '으~음, 이거 괜찮군! 뭔가 위장에
로운 역사를 기록한 기분이야. 고등어 샌드위
혁명!' 물론 이 고등어 샌드위치는 비밀 메뉴
서서 쉽게 만날 수는 없다. 우연히라도 보게 되
ㄴ 행운이라고 생각하는 편이 좋다.
득 기분이 너무 편안하다는 사실을 깨달은 고
ㄹ는 '처음 들어온 곳인데, 집에 돌아온 듯한 기
ㄴ이야. 먹고 싶은 걸 말하면 바로 만들어주니
ㄱ 할머니 집 같군.' 하고 속으로 중얼거린다. 그
리고 자연스럽게 떠오른 것이 할머니가 만들어
주시던 카레라이스였다.

식당 안으로 들어가면 에도 풍정이나 옛 서민들의 정취
가 느껴진다. 할머니 집에 온 것처럼 편안해지는 분위기.

"혹시 카레 같은 것도 있습니까?" 하고 묻자, 젊
은 여주인은 "그럼요." 하고 대답한다. 그리고
곧 카레의 좋은 냄새가 풍기기 시작했다. 여주
인이 만들어준 카레는 아주 매운 맛 카레라이
스. 단골손님의 요청에 따라 만든, 큼직한 감자
가 들어 있는 카레였고, 랏교도 곁들여 나왔다.
가정집 요리처럼 재료가 큼직하게 들어 있지만,
고로의 말처럼 '제대로 맵고, 제대로 맛있는' 카
레로 이미 정식 메뉴가 돼 있었다.
"다시 먹고 싶어질 거야. 이 집에 분명히 다시
오게 되겠지."
고로의 이 한마디가 모든 걸 말해주는 그런 카
레라이스, 그런 맛집이다.

스미레(すみれ)

주소 : 도쿄도 분쿄 구 네즈 2-24-8
　　　(東京都 文京区 根津 2-24-8)
전화 : 03-3821-8941
영업시간 : 18:00~새벽 1:00
휴일 : 수요일+둘째, 셋째 화요일

오키나와 토종 돼지 아구를 사용한 오키나와 아구 천일염구이(沖縄黒豚アグー豚の天然き, 1500엔). 오키나와 소금과 궁합이 훌륭하다

중독성 있는 도톰한 면발이 특징인 오키나와의 대표적인 소바 소키소바(ソーキそば, 850엔). 푹 삶은 소키(뼈가 붙어 있는 돼지고기)가 야들야들하다.

카메구로 스타일로 완성한 환상의 오키나와 돼지 아구를 먹다

소카봇카

메구로 구 나카메구로 역의 소키소바와 돼지 아구 천일염구이

구로 강변의 벚꽃 가로숫길로도 유명한 나카구로는 세련된 식당과 옷 가게가 많은 곳이. 봄이 머지않은 어느 날, 벚꽃 가로숫길이 내다보이는 다리 위에서 고로는 말한다.

한가롭게 걷기에 좋은 거리야. 따뜻해지면 벚도 예쁘게 피겠지. 봄이 몹시 기다려지는…." 그리고 곧이어 말한다. "봄… 아니, 봄도지만, 배가 고프다. 좋아, 식당을 찾자!"

나카메구로 역부터 시작되는 상점가 메구로긴자를 걷던 고로는 '이쪽 골목길에서 좋은 냄새가 나는데.' 하며 육감에 의지해 뒷골목으로 들어간다. 역시 고로의 육감은 뛰어났다. 맛집으로 보이는 식당이 늘어서 있는 골목길을 보자 고로의 마음이 급해진다. '이럴 수가! 이곳은 골목이 하나의 뷔페다.' 조급한 마음을 진정시키고 자기 배가 무엇을 원하는지 스스로 묻자 대답은 '오키나와'였다.

고로가 들어간 곳은 **소카봇카**. 나카메구로 역에서 도보로 3분 거리에 있는 **소카봇카**는 산지 직송 식재료로 본격적인 오키나와 요리를 즐길 수 있는 식당이다. 대표 요리는 물론 환상의 오키나와 돼지 '아구'를 사용한 요리다.

카운터로 안내받은 고로가 '본격적인 오키나와라기보다 나카메구로 스타일의 오키나와다.'라고 했듯이 식당 안은 오키나와 정서가 가득하면서도 어딘가 세련된 느낌의 편안한 분위기다. 오키나와 요리라고 하면 당연히 '라후테'라고 생각했던 고로는 '오키나와에서는 돼지고기를 우는 소리 이외에는 전부 먹는다!고 합니다.'라는 메뉴판 문구를 보고 생각을 바꾼다. '그래, 이곳 분위기를 따라가 보자'며 주문한 건 **소카봇카**의 대표 메뉴인 돼지 아구 천일염구이.

그러나 그때 옆에 앉아 있던 손님이 주문한 라후테덮밥이 등장한다. 덮밥에는 흰밥이 아닌 흑미를 사용했는데, 점장 말로는 오키나와에서 경사스러운 일이 있을 때 흑미를 사용한다고 한다. 고로는 먹음직스러운 라후테덮밥을 보고는 '아차! 실수했다. 저거 맛있어 보이는데. 역시

줄거리 식당들의 격전지 '나카메구로'에서 고로의 눈길이 쏠린 곳은…

고로는 신규 고객인 중고 옷 가게의 주인을 만나기 위해 나카메구로(中目黒) 역에 내렸다. 자료 준비에 시간이 걸려 아무것도 먹지 못한 고로는 500엔짜리 점심을 허겁지겁 먹어치우고 목적지로 향한다. 젊은 나이에도 똑 부러진 느낌의 여주인에게 감탄하면서, 고로는 나카메구로의 골목을 헤맨다….

밥 종류의 오키나와 요리 하면 역시 타코라이스(タコ
ライス, 980엔). 멕시코 요리 타코의 재료인 간 고기
와 양상추, 토마토 등의 채소를 쌀밥 위에 얹은 오키
나와 요리다. 매운맛의 살사를 얹어 먹는다.

오리온맥주의 안주로 최고인 랏교 마스절임(島らっ
きょうのマース漬け, 500엔). 오키나와 소금인 마
스에 절여 사각사각한 식감이 최고.

...하게 라후테를 주문해야 했어.'라며 가볍게
회한다. 그러나 그것도 기우에 지나지 않았던
양이다.

...기 한 점을 먹자마자 오키나와 명품 돼지 아
...와 오키나와산 소금의 절묘한 궁합에 큰 충격
... 받은 고로는 자신도 모르게 탄성을 지른다.
...금만으로 이런 맛이 나다니… 아구는 엄청
... 녀석이군!'

...다음으로 고로가 먹은 건 오키나와 주민의 소
...푸드라고 할 수 있는 닌진시리시리(にんじん
...リシリ)다. 어슷하게 채 썬 당근을 통조림 햄
...과 함께 볶은 요리다. '햄이 들어 있군. 오, 맛있
...다. 역시 오키나와 하면 통조림 햄이지. 살짝 정
...푸드의 느낌이 나는 것도 마음에 들어. 아주
...좋아!' 하며 고로는 젓가락을 바삐 움직인다.

...그다음은 타코라이스. 이 역시 오키나와의 대
...표 음식이다. 고로는 살사 소스의 매운맛에 점
...점 빠져들었고 '맛있어!'를 연발한다. '이렇게
...다양한 재료가 섞여 있는데도 무엇 하나 겉돌지
...않아. 모두 같은 방향을 보고 있는 듯한 맛… 바
...로 타코라이스야! 이렇게 먹고 있으니까 혼자
...오키나와 축제라도 벌이는 기분이군!'

한껏 흥이 오른 고로는 '오키나와 하면 역시 소
키소바를 빼놓을 수 없지.' 하며 소키소바를 주
문한다. 고로는 소키를 탐닉하듯 먹고 두툼한

오키나와 요리의 대표격인 라후테덮밥(ラフテー丼, 980
엔). 라후테는 두툼한 삼겹살을 덩어리째 푹 삶아서 매콤
달콤한 양념을 한 오키나와 향토음식.

면발을 후루룩후루룩 정신없이 빨아들인다.
'녹아내리는 듯이 부드러워. 뼈까지도 먹을 수
있다니!'

위장이 뜨거운 열기로 가득해진 고로는 그 열
기를 식히기 위해 블루실 아이스크림을 주문한
다. 블루실 아이스크림은 원래 오키나와에서 가
장 인기 있는 아이스크림 가게의 상호로, 현재
는 전국의 쇼핑몰과 관광지 등에서 맛볼 수 있
는 오키나와의 명물이다.

'나카메구로 스타일의 오키나와'를 실컷 만끽
한 고로는 '너무나 오키나와에 가고 싶어졌어.'
하고 중얼거리며 식당을 나선다.

소카봇카(草花木果)

주소 : 도쿄도 메구로 구 가미메구로
　　　2-7-11
　　　(東京都 目黒区 上目黒 2-7-11)
전화 : 03-5722-1055
영업시간 : (월~금) 11:30~15:00/
　　　　　18:00~새벽 2:00
　　　　　(토요일) 18:00~새벽 2:00
　　　　　(공휴일) 18:00~새벽 1:00
휴일 : 연말연시

원작의 모델이 됐던 유명 맛집

제8화
게이힌 공업지대 근처 가와사키 세멘토 거리의 야키니쿠

1

마치 내 몸은 제철소, 위장은 용광로가 된 것 같았다.

공업지대인 가와사키에서는 역시 야키니쿠가 최고였다.

줄거리

공업지대를 바라보며 야키니쿠 식당으로

차를 운전하며 공장이 늘어선 가와사키를 지나던 고로는 큰 계약을 앞두고 '야키니쿠라도 먹고 힘을 내볼까?' 하며 야키니쿠 식당으로 들어간다.

억에 남는 명대사가 탄생한 야키니쿠 전문 식당

야키니쿠 식당 도텐카쿠 가와사키 본점

근에는 야경 명소로도 인기 있는 게이힌 공업
대. 그 공장지대에 인접해 있는 곳이 가와사
코리아타운이다. 가와사키 역에서 4킬로미
정도 떨어져 있어서, 역에서 가장 빨리 가는
스를 타도 15분쯤 걸린다. 한때는 도로에 접
있는 야키니쿠 식당만도 12곳이나 되고, 근
공장에서 일하는 사람들이 몰려와 차가 지나
지 못할 정도로 붐볐다고 한다. 그러나 1990
대 버블 붕괴 이후 공장과 노동자 수 감소로
그 기세는 사그라들었다. 하지만 지금도 도로에
접해 있는 5곳, 그리고 주변까지 포함하면 12곳
의 야키니쿠 식당이 영업하고 있다.
큰 계약을 앞두고 차로 가와사키를 지나던 고로
가 아직 밥을 먹지 않았다는 사실을 떠올리고
'야키니쿠라도 먹고 힘을 내볼까?' 하고 찾아간
곳이 바로 가와사키 코리아타운에 있는 **도텐카
쿠** 가와사키 본점이다. 넓은 연회석까지 갖춘,
야키니쿠 식당으로는 꽤 규모가 큰 대형점이다.

셔틀버스도 있어서 전에는 공장 직원들이 회식
장소로 자주 이용했다고 한다.
원작에 등장했을 때와 비교하면 화려했던 실내
장식은 차분한 분위기로 바뀌었고, 사각 철판
이었던 불판도 원형의 무연 불판으로 바뀌었다.
원작을 보면 식당 입구 간판의 '도텐카쿠'라는
상호가 '난텐카쿠'로 미묘하게 바뀐 것 말고는
거의 똑같다. 음식점 종업원들은 단골손님들한
테서 『고독한 미식가』에 나왔다는 말을 몇 번이
나 들었다고 한다.
"『고독한 미식가』를 몰랐기 때문에 우리 식당이
거기 나온 줄도 몰랐습니다. 단골손님이 말해줘
서 처음 알았죠."(도텐카쿠 점장)
특히 제8화는 '고독한 미식가 고로가 혼자 야키
니쿠를 먹는 장면은 최강'이라며 인기를 끌었던
일화여서 팬들이 대거 몰려들었을 테지만, 원래
주말이 되면 붐비는 유명한 식당이었기에 거의
눈치채지 못했다고 한다.

공장 노동자와 지역 주민들의 위장을
충족해온 유명 식당. 흰밥과 함께 먹는
양념갈비와 김치의 궁합은 최고다.

또한 제8화는 고로의 명대사가 많이 나와서 더욱 인기가 높았다. 그래서 드라마에서도 무대를 가와사키의 야키니쿠 전문 식당 쓰루야로 바꿔 시즌 1 제8화에 등장시켰다. 원작에서는 처음 고로가 고기를 먹으며 '육질도 최상이고 맛도 기가 막혀! 입안에서 사르르 녹아.' 하고 감탄한 건 갈비였다. 그리고 그다음으로 곱창을 먹었다. '질이 나쁜 곱창은 생고무처럼 질기지.' 하며 고로도 처음에는 불안해했지만 이곳 곱창은 맛있었다. 그도 그럴 것이, 도텐카쿠에서는 살코기 못지않게 내장 부위에도 신경을 쓰고 있었다. "내장 부위는 그 식당이 제대로 된 곳인지 아닌지를 확실하게 보여줍니다. 신선도도 중요해서 재료를 살 때 꼼꼼하게

게이힌 공업지대, 가와사키 코리아 타운의 입구.

고로가 '바로 이거야!'라는 한마디로 집약했듯이, 신선하고 기름기가 도는 갈비!

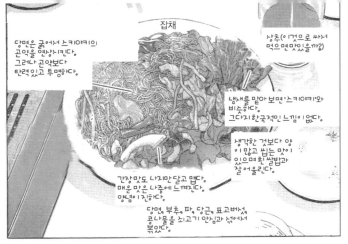

잡채

당면은 굵어서 스키야키의 곤약을 연상시킨다. 그러나 곤약보다 탄력있고 투명하다.

상추(이것으로 싸서 먹으면 맛있을까)

냄새를 맡아 보면 스키야키와 비슷하다. 그다지 한국적인 느낌이 없다.

생각한 것보다 양이 많고 씹는 맛이 있으므로 흰쌀밥과 잘 어울린다.

간장맛도 나지만 달고 맵다. 매운 맛은 나중에 느껴진다. 양념이 진하다.

당면, 부추, 파, 당근, 표고버섯, 콩나물을 쇠고기 안심과 섞어서 볶았다.

맛이 강해서 안주보다는 반찬으로 어울리는 잡채. 고로도 추가 주문을 했을 만큼 별미였지만, 현재는 메뉴에서 사라졌다.

점검하지 않으면 안 됩니다. 우리 것은 맛있어요."(도텐카쿠 점장). 특히 인기 있는 메뉴는 곱창과 양이라고 한다.

고로가 밥과 함께 먹으며 '정말 맛있다.'고 했던 음식은 김치다. 김치는 이곳에서 직접 담그는데 지방에서도 배송 주문이 들어올 정도로 인기가 있다. 고기 양념장도 직접 만든 것으로, '고기를 재우는 양념장'과 '고기를 찍어 먹는 양념장'을 구분해서 밥과 어울리는 맛과 풍미를 만들어내고 있다.

그런 만큼, 주문한 밥이 나오자 그것을 먹는 고로의 모습은 무서울 정도다. '마치 내 몸은 제철

소, 위장은 용광로가 된 것 같았다.', '나는 인간 에너지를 생산하는 용광로처럼 쉴 새 없이 먹어 댔다.'라는 명대사를 연발한다. 특히 이곳 공업 지대 풍경에서 영감을 받은 일련의 대사가 팬들에게 인상 깊었던 듯하다. 많은 팬이 야키니쿠 식당에서 이 대사들을 따라 했다는 후문도 있다.

많은 팬이 아쉬워하는 건 고로가 등심, 갈비와 함께 주문한 잡채가 메뉴에서 사라졌다는 점이다. 고기를 먹으러 오는 식당이어서 잡채를 주문하는 사람이 별로 없었다고 한다.

하지만 맛있는 야키니쿠에 김치와 흰밥… 최강의 조합이다.

도텐카쿠 가와사키 본점(東天閣)

주소 : 가나가와 현 가와사키 시 가와사키 구 하마초 4-12-5
(神奈川県 川崎市 川崎区 浜町 4-12-5)
전화 : 044-355-1234
영업시간 : 11:00~24:00
(주문 마감 23:30)
휴일 : 연중무휴

시즌 2 맛집 순례

가나가와 현 가와사키 시 신마루코 역_ 돼지고기 대파볶음

나카노 구 누마부쿠로 역_ 와사비 갈비와 달걀밥

군마 현 오라 군 오이즈미마치_ 브라질 요리

에도가와 구 게이세이 고이와 역_ 사천요리

지바 현 아사히 시 이오카_ 꽁치 나메로우와 대합찜

스미다 구 료고쿠 역_ 잔코나베

아다치 구 기타센주 역_ 태국 카레와 닭고기 토핑 국물 없는 국수

돼지고기 대파볶음(ネギ肉イタメ, 600엔). 자극적인 소금과 후추 양념이 돼지고기의 감칠맛과 대파의 단맛에 어울린다. 아낌없이 듬뿍 넣어준 대파도 고맙다.

치즈 비엔나소시지(チーズ入りウインナー 450엔). 맥주가 마시고 싶어지는 맛이다.

역 주민에게 사랑받아온 대중식당

산짱 식당 가나가와 현 가와사키 시 신마루코 역의 돼지고기 대파볶음

부야 쪽에서 다마가와 강을 건너면 바로 '너무 조용하지도 않고 너무 소란하지도 않은, 이 거리가 좋다.'며 고로가 마음에 들어 했던 신마루코 역 상가가 나온다. 서민 분위기가 물씬 풍기는 이곳에 1967년 중화요리점 산짱 식당이 문을 열었다. 전에 선대가 운영하던 채소가게를 정리하고 그 자리에 라멘 전문 식당을 열었던 것이 시작이었다고 한다. 긴 테이블에 동그란 의자들이 줄지어 놓여 있는 실내 구조도 좋고, 단골손님들의 대화가 이어지는 활기 넘치는 모습도 좋다. 정말로 지역 주민에게 사랑받는 대중식당이다.

이 식당의 가장 큰 특징은 100종류가 훨씬 넘는 다양한 메뉴와 낮 12시 개점 시간부터 거의 모든 손님이 술을 마시고 있다는 점이다. 안을 살짝 들여다본 고로가 '백일몽' 같다고 했던 것처럼 이미 술이 오른 주객들로 가득 찬 식당의 모습은 평일 한낮 풍경으로는 매우 특이하다. 물론 라멘과 덮밥, 정식 등 대중식당다운 메뉴도

갖추고 있어서 학생이나 샐러리맨들도 찾아온다. 밤이건 낮이건 다양한 단품 요리를 안주 삼아 술을 즐기는 사람도 있고, 야키니쿠덮밥 등 든든한 식사가 되는 메뉴를 게걸스럽게 먹는 사람도 있다.

고민 끝에 고로는 양하튀김과 치즈 비엔나소시지, 돼지고기 대파볶음, 그리고 활기 넘치는 분위기에 휩쓸려 해산물 춘권을 주문한다. 전부 술안주 쪽에 가깝지만, 고로는 술안주를 반찬 삼아 밥과 미소국으로 독창적인 정식을 구성하겠다는 전략을 세운다.

옆에 앉은 손님이 고로가 술을 마시지 못한다고 놀리자 머쓱해 하는 사이에 요리가 나온다. '이것도 저것도 싱싱하게 빛나는' 요리 중에서 젓가락이 가장 먼저 간 것은 바삭하는 소리가 나는 양하튀김이다. 고로는 '향신료 양하도 좋아하지만, 이렇게 음식의 확실한 주인공이 된 양

----

* お湯割り : 소주·위스키 등에 더운물을 타서 묽게 마시는 술.

줄거리

대낮부터 술꾼들이 모이는 식당

댄스 스튜디오의 상담 의뢰를 받아 신마루코(新丸子) 역에 온 고로는 '여기까지 온 김에 식당이라도 조사해둘까?' 하며 역 주변을 산책한다. 그러던 중 한 대중식당에서 "이쪽은 오유와리* 죠?" 하는 힘찬 목소리가 들린다. 식당 안을 살짝 엿보니 평일 대낮인데도 식당을 가득 메운 손님들이 즐겁게 술잔을 기울이고 있다….

三ちゃん食堂

予스러운 동네 식당 같은 소박한 외관과 밖에까지
들리는 활기찬 소음에 의지해 식당을 찾아보자.

양하튀김(みょうがの天ぷら, 250엔)은 포근한 ㅌ
에 소금을 살짝 뿌려 먹는다. 고로는 말한다. '이 ㅅ
양하 맛을 한층 살려준다. 소금은 씁쓸한 행인 역할

도 역시 맛있다.'며 새삼 양하의 매력을 실감
다.

치에 꽂은 한입 크기의 치즈 비엔나소시지에
치즈의 역할은 절묘하다. 술을 못 마시는 고
조차 '이런 음식이 맥주에 어울리겠지. 마시
는 못해도 충분히 상상할 수 있다.'라고 할 정
로 최고의 술안주다.

리고 그의 식욕에 불을 붙인 것은 돼지고기
파볶음이다. 얇게 썬 돼지고기와 한 뿌리를
두 사용한 듯이 풍부한 대파. 소금과 후추로
을 해 간단해 보이지만, 집에서는 쉽게 흉내
낼 수 없는 자극적인 맛이다. '생강구이나 굴 소
를 상상했는데, 이런 거였군. 밥하고 잘 어울
겠어!'라고 생각하는 고로는 젓가락질을 멈
추지 않는다.

또 한 가지 메뉴, 따끈따끈하고 바삭바삭한 해
산물 춘권(海鮮春巻き)은 중화요리의 맛 그대로
다. 새우, 오징어, 문어, 게가 들어 있는데도 2개
에 300엔이라니 가격도 저렴하다. 뜻하지 않게
이런 인심 좋은 음식을 만날 수 있는 것도 대중
식당의 묘미다.

고로가 처음 눈길을 주었던 가나가와 명물 산마
멘*도 그렇고, 넉넉한 양념으로 밥과 무척 잘 어
울릴 듯한 야키니쿠덮밥 등 고로의 마음을 사로
잡은 메뉴가 많다. '자유롭게 원하는 대로. 중화

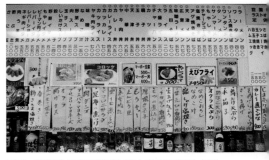

고로는 '아무리 그래도 정보의 양이 어마어마하다. 여기
서 원하는 메뉴를 찾는 것 자체가 보통 일이 아니겠군!' 하
고 놀란다. 메뉴의 종류가 압도적으로 많다!

요리점이면서도 리드미컬한 라틴계'라고 고로
가 느꼈듯이, 자기 편한 대로 술과 식사를 즐기
는 손님들이 계속해서 주문하는 메뉴를 보고 있
으면, 지고 싶지 않다는 본능이 살아나 계속 주
문하게 된다.

고로는 '식당 분위기에 휩쓸려 과식했다. 하지
만 전부 맛있었어.' 하고 기쁜 표정으로 식당에
서 나온다. 그렇다. 결국, 전부 맛있으니 자꾸 주
문하게 되고, 다시 찾게 되는 것이다. 과식에 주
의해야 하고 너무 자주 가게 되는 것도 조심해
야 하는 위험한 식당이다.

....

* サンマーメン : 가나가와 현의 대중적인 라멘의 일종. 소면에
볶은 숙주와 양배추 등을 고명으로 얹는다.

산짱 식당
(三ちゃん食堂)

주소 : 가나가와 현 가와사키 시 나카
하라 구 신마루코마치 733
(神奈川県 川崎市 中原区 新丸子町
733)
전화 : 044-722-2863
영업시간 : 12:00~20:15
휴일 : 수요일

양쪽을 살짝 구워 거의 생고기 상태로 즐기는 갈비. 녹아내리는 지방의 고소함과 조화를 이루는 와사비의 신선한 향기가 식욕을 돋운다.

보기에도 신선한 회처럼 예쁜 와사비 갈비(わさびカルビ, 1550엔). 그 밖에 마루(丸, 870엔), 산가쿠(三角, 1500엔) 등도 인기다.

주택가 한가운데서 찾은 오아시스, 야키니쿠 식당

헤이와엔

나카노 구 누마부쿠로 역의 와사비 갈비와 달걀밥

는 사람은 아는 야키니쿠 격전지 누마부쿠로
의 야키니쿠 식당 중에서도 **헤이와엔**은 특히
키니쿠 마니아들의 열렬한 지지를 받고 있다.
식당을 찾는 표식은 조금 우스꽝스럽게 "배
픈 자 씹어라! 스태미나에 최고!"라는 애교
인 익살을 당당하게 적어놓은 간판이다. 이
당은 단독주택이 늘어선 한적한 주택가 한가
데 이색적으로 자리 잡고 있다.
과 테이블 좌석이 있는 아담한 음식점 안에는
기가 자욱하다. 냄새가 밸까 봐 신경 쓰지 않
고 고기 먹는 데 집중할 수 있도록 가방이나 겉
옷을 점원이 건네주는 비닐봉지에 넣어두는 것
이 이 집의 독특한 방식이다.
메뉴를 펼치면 다양한 종류의 갈비와 흔히 들
어보지 못한 부위의 고기들이 먼저 눈길을 끈
다. '야키니쿠를 먹는 데는 순서가 중요하다.
주문하는 순서에 따라 승패가 결정된다.'며 결

의를 다지던 고로가 주문한 것은 와사비 갈비
와 마루, 그리고 산카쿠다. 마루는 대퇴부살, 산
카쿠는 특상급 어깻살을 가리킨다. 참고로 고
로가 메뉴에서 놓친 초 사각 갈비(超四角カル
ビ)는 두껍게 자른 최상급 고기다. 인기 메뉴여
서 사전에 예약해두는 편이 좋다.
고로가 고기를 기다리는데, 볼에 가득 담긴 양
배추가 먼저 나온다. 미소 양념의 강한 맛이 계
속 젓가락을 끌어당겨 고기를 먹기도 전에 배가
부를 수 있으니 조절이 필요하다.
마침내 고기가 나오면 'I♥2Q(2Q(니쿠)=고기)'라
는 문구가 적힌 티셔츠를 입은 식당 주인과 종
업원이 고기마다 각기 다른 굽는 방법을 알려준
다. 와사비 갈비는 양면을 5초가량 가볍게 굽는
다. 그리고 직접 간 생와사비를 곧바로 고기 위
에 올리고 간장에 찍어 먹는다. '뭐지, 이건? 고
기인데 회 같은 느낌이 들어. 화로에 굽는 회. 구

줄거리

허기진 배로 방랑한
끝에 도착한 오아시스

누마부쿠로(沼袋) 역에 처음 와본 고로
는 의뢰인과 상담하고 지쳐서 배가 고
파지자 역 근처에서 식당을 찾지만, 결
정하지 못하고 헤매다가 결국 주택가
로 들어간다. 할 수 없이 노가타 역까지
가려던 중에 갑자기 눈앞에 야키니쿠
식당이 나타난다. 주택가 한가운데 있
는 야키니쿠 식당은 말 그대로 사막의
오아시스가 아닌가!

飢る噛む！ 本格派焼
スタミナ一番 焼肉 平和

주택가 한가운데서 불쑥 나타난 간판, '배고픈 자 씹어
라!' 고로가 '먹고 싶었던 건 바로 이거야!'라는 주저 없
는 결정이 충분히 공감가는 강한 임팩트가 있다.

노른자의 색깔도 맛도 짙은 달걀밥(卵か
けご飯). 이대로 먹어도 맛있지만, 고기
를 얹어 먹으면 스태미나에 최고다!

회.' 하고 고로가 격찬했듯이 거의 생고기에
가워 달콤하게 녹는 식감이 마치 최상급 참
회를 먹는 느낌이다. 생와사비는 코를 찌르는
운맛이 아니라 오히려 달콤하며, 상쾌함만이
에 남아 듬뿍 얹고 싶어진다.
카쿠도 양면을 가볍게 굽고, 레몬즙을 뿌린
. 보기에도 아름다운 생고기가 입안에서 사르
녹고, 고소한 육즙이 퍼져 밥이 끊임없이 들
간다. 마루는 천천히 구우면서 육즙이 배어나
면 먹는다. 고기의 부드러운 감칠맛을 확실하
느낄 수 있다.
창도 주문하고 싶지만, 아직 양념구이를 먹지
았다는 사실을 의식한 고로가 추가로 주문한
은 '추천 갈비'. 금방 딱딱해지기 때문에 한
씩 굽기보다는 여러 개를 모아서 촉촉한 육즙
남아 있도록 굽는 것이 포인트다. 양념이 배
있어서 소스에 찍지 않고 화로에서 집어 바
로 먹는다.
'지금까지 먹었던 갈비와는 전혀 다른 맛'이라
며 밥 한 그릇을 후딱 비운 고로는 다시 밥을 추
가 주문한다. 이때 주인이 추천한 것이 달걀밥.
야키니쿠 집에서는 보기 드문 메뉴지만, 여기서
는 마지막으로 달걀밥을 먹는 것이 정석이라고
한다. 뜨거운 밥에 간장을 뿌리고 젓가락으로

'맛있어! 어깨와 대퇴부의 꽉 찬 근육의 맛!' 연할 뿐 아니라
감칠맛이 도는 독특한 고기 맛에 고로는 포로가 된다.

밥 한가운데 구멍을 내서 그곳에 날달걀을 톡!
깨서 떨어트린다. 그리고 바닥부터 섞어서 후루
룩 먹으면 그야말로 더없이 행복한 기분이 든다.
향도 맛도 응축된 시오낫토*도 짙고 부드러운
달걀 맛과 잘 어울려 한 그릇 더 먹고 싶어진다.
'야키니쿠는 마늘 냄새와 연기 속에서 먹어야
제맛이다. 내일 일 따위 신경 쓸 때가 아니다.'
고로는 그렇게 말하지만, 오히려 내일의 스태미
나를 위해 먹어줘야 하는 최고의 요리다.

....

* 塩納豆 : 소금에 절여 말린 낫토.

헤이와엔(平和苑)

<u>주소 : 도쿄 도 나카노 구 누마부쿠로</u>
<u>3-23-2</u>
(東京都 中野区 沼袋 3-23-2)
<u>전화 : 03-3388-9762</u>
<u>영업시간 : 17:00~22:00</u>
<u>휴일 : 월요일, 화요일.</u>

페이조아다(フェイジョアーダ, 1030엔).
빤 소고기, 돼지고기, 소시지, 검은 콩을 넣어
요리. 현재는 세트가 아닌 단품으로만 제공돼

에스페톤 데 피카냐(슈하스코) 300g(エスペ
トン デ ピカニャ, 1460엔). 소 볼깃살의 대담한 고
오른손엔 나이프, 왼손에는 집게를 들고 먹어

만감 최고! 브라질 고기요리

레스토랑 브라질

마 현 오라 군 오이즈미마치의 브라질 요리

마 현 오이즈미마치는 공장단지가 유치되어 일본에서 가장 많은 외국인이 사는 곳으로, 특히 일본계 브라질인과 네팔인 등이 많은 곳이다. 거리를 걷다 보면 곳곳에서 포르투갈어 간판이 눈에 들어오고, 브라질 요리 전문점과 브라질 직수입 식료품, 잡화 등을 살 수 있는 마켓도 많다. 일본에 있으면서 이국적인 정서를 즐길 수 있는 독특한 거리다.

오이즈미마치에서 고로가 들어간 곳은 브라질 국기 색인 노란색과 초록색 페인트로 칠한 외관이 유달리 눈길을 끄는 식당으로 이름도 브라질이다. 1990년 개업한 이곳은 오이즈미마치에서는 물론 일본 전국에서도 대대로 물려 내려오는 식당으로 알려진 브라질 요리 전문점이다.

넉넉하고 넓은 식당 안에는 모국의 맛을 즐기려는 브라질인 손님이 대부분이다. 다른 손님들의 신기해 하는 듯한 시선을 받은 고로는 '이곳에

서 나는 일본에서 온 외국인가?' 하며 주춤하지만, 그 느낌이 맞을지도 모른다.

메뉴를 펼치자 남미 식당답게 고기요리가 즐비하다. 고로가 선택한 요리는 페이조아다 콤플레타 세트와 에스페톤 데 피카냐, 그리고 음료는 브라질의 대중적인 탄산음료인 과라나 안타르치카다.

주요리인 고기를 먹기 전에 먼저 샐러드 바부터 돌아본다. 채소 종류는 많지 않지만 가볍게 허기를 달래기에도, 고기요리를 먹고 입가심하기에도 좋다.

먼저 도착한 요리는 페이조아다. 페이조아다는 콩을 기본으로 해서 소고기, 돼지고기, 소시지 등을 푹 끓인 브라질 전통 가정요리다. 이곳의 페이조아다 콤플레타 세트에는 샐러드 말고도 밥, 감자튀김, 파로파, 비네그레트, 사보이 양배추, 귤이 함께 나온다.

줄거리

이국적인 정서가 가득한 브라질타운에서

직장 시절의 선배가 브라질인 아내와 시작하는 사업을 돕기 위해 군마 현의 오이즈미까지 찾아간 고로. 브라질 사람이 많이 사는 이곳에서는 브라질 문화를 곳곳에서 느낄 수 있다. 배가 고파진 고로가 '브라질에 왔으면 역시 브라질 음식을 먹어야겠지.' 하며 선택한 식당은 너무도 '브라질'다운 곳이었다.

'명백한 브라질', '어이없을 정도로 정정한 주인이 남미답다.'며 고로가 들어간 브라질 외관에서 특히 브라질의 국기 색이 눈에

색이 짙고 식감도 확실해서 마치 무청을 놓은 듯한 사보이 양배추(ちりめんキャベツ, 180엔)는 고기요리에 안성맞춤이다.

선 식재료가 많지만, 파로파는 열대 특산물인
사바 뿌리 가루를 구워서 간을 한 것이고, 비
그레트는 채소 초절임이다.

페이조아다를 한입 먹은 고로는 '비프스튜와
, 일본의 탕과도 달라. 이거, 엄청 맛있어.' 하
극찬한다. 페이조아다는 마늘과 소금으로 단
하게 맛을 냈지만, 고기에 간이 확실하게 배
있어서 먹을수록 당기는 신기한 맛이다. '예
에 브라질로 건너간 많은 일본인도 이런 음식
을 먹고 힘을 얻었겠지.'라는 고로의 말처럼 부
드럽고 친근한 맛도 느껴진다. 요리의 모습만으
로 맛을 상상하기는 조금 어려우니 이것 역시
먹어보는 수밖에 없다.

에스페톤 데 피카냐는 소 볼깃살로 만든 꼬치구
이. '슈하스코'라는 이름으로 알려진 남미식 꼬
치구이는 쇠꼬챙이에 고기를 꽂아 숯불로 천천
히 굽는 것이 특징이다. 큼직한 고기를 긴 쇠꼬
챙이에 꿰어 세워둔 박력 있는 모습이 압권이
다. 에스페톤 데 피카냐에 사용하는 고기는 소
의 엉덩이 부분인데, 소 한 마리에서 얻을 수 있
는 양이 매우 적은, 귀한 부위라고 한다.
씹을수록 감칠맛이 느껴지는 부드러운 살코기
에 반해 '나 홀로 즐기는 브라질 축제다. 군마

다채로운 채소의 샐러드바(サラダバー, 450엔). 샐러드와
함께 먹으면 죄책감 없이 고기를 먹을 수 있다!?

삼바 카니발.'이라며 흥분하는 고로는 오른손의
나이프로 고기를 자르고 왼손의 집게로 그것을
연신 입으로 가져가는 동작을 멈추지 않고 쉬임
없이 먹는다.

'물어 끊는 것이 아니라 물어 찢는다. 난 백수의
왕이다. 어흥! 일본인인데도 라틴계의 피가 끓
어오르면서 내면에서 잠자고 있던 야성의 본능
이 되살아난다.'며 흥분한다.

미각, 시각, 분위기…. 온몸으로 브라질을 느껴
보고 싶은 사람은 꼭 한번 들러보기 바란다.

브라질(ブラジル)

주소 : 군마 현 오라 군 오이즈미마치
　　　니시코이즈미 5-5-3
　　　(群馬県 邑楽郡 大泉町 西小泉
　　　5-5-3)
전화 : 0276-62-0994
영업시간 : (월~금) 11:00~15:00/
　　　　　17:30~22:00
　　　　　(토·일)12:00~22:00
휴일 : 수요일

쏸니바이러우蒜泥白肉(豚肉のニンニクタレかけ, 1300엔)는 산초의 알싸함이 느껴지는 사천의 맛. 밑에 깔린 다진 오이에도 소스가 배어 맛있다.

사천의 본격적인 매운맛을 맛볼 수 있는 파오차이위(泡菜魚). 그날 들어오는 식재료에 따라 생선이 바뀌기 때문에 가격은 그날 확인해야 한다. 사전 예약 필수.

사천 가정요리점, 젠젠

도가와 구 게이세이 고이와 역의 사천요리

화한 환락가의 이미지가 강한 고이와 역 주변과 에도가와 하천 부지 바로 옆 녹지도 많고 차 분한 느낌의 게이세이 고이와 역 주변은 같은 '고이와'지만 분위기는 사뭇 다르다. 어느 역에 서 내려도 도보 10분 거리에 있는 주택가 한가 운데서 조용하게 영업하고 있는 곳이 사천 가정 요리 전문점 **젠젠**이다.

중국 충칭 출신의 여주인이 가족과 함께 운영하고 있으며, 메뉴판에는 없는 요리를 여주인이 매일 만들어준다는 것이 이곳의 특징이다. 먹고 싶은 요리를 부탁하거나 여주인이 추천하는 요리를 먹어보는 것도 이곳만의 즐거움 중 하나다.

카운터 자리와 테이블 세 개뿐인 아담한 식당이라서 영업을 시작하자마자 곧바로 만석이 되는 경우도 종종 있다. 원래 초밥 식당이었던 장소를 그대로 사용하는 듯, 카운터 앞에는 냉장 쇼케이스가 남아 있어서 살짝 웃음이 나온다.

메뉴는 고정 메뉴와 직접 손으로 쓴 추천 메뉴 중에서 고른다. 고로가 추천 요리 중에서 주문한 것은 쏸니바이러우(마늘소스 돼지고기 냉채)다. 마늘은 물론이고 사천요리답게 산초도 듬뿍 들어간다. 향신료를 충분히 넣어 직접 만든 고추기름도 풍미를 더해, 밥맛이 더욱 좋아진다. '살짝 알싸한 맛에 마늘이 강하게 치고 들어온다. 사천의 맛이 강하게 치고 들어온다. 좋아, 맛 있어. 하지만 먹으면 먹을수록 배가 고파지는 군.'이라는 고로의 말처럼 식욕 중추를 강하게 자극하는 맛이다. 고기 아래 깔려 있는 다진 오이는 돼지고기와 소스 맛을 더욱 살려주면서, 식감을 즐기게 해주고 개운한 맛도 연출한다.

고로는 이후 남은 소스에 두부를 넣어 자신의 창작 메뉴에 도전하고는 '돼지고기에서 두부로 바꿨을 뿐인데 마늘 소스가 전혀 다른 맛으로 빛나고 있다.'며 만족해한다(두부를 넣어 먹는 방법은

줄거리 주택가에서는 보기 드문
사천요리 전문점

게이세이 고이와(小岩) 역에 있는 사진 스튜디오에서 길고 긴 상담을 끝내고 고로는 심한 허기를 느낀다. 무엇을 먹 을까 생각하면서 걷는 그의 눈앞에 휘 황찬란하게 빛나는 새빨간 간판이 갑 자기 나타난다. 간판 불빛에 끌려 걸음 을 멈춘 그곳은 사천 가정요리 전문점. 고로는 '사천요리가 아니라 사천 가정 요리라는 것이 게이세이 고이와에 어 울리는군.' 하며 안으로 들어간다.

포렴의 색깔이나 외관은 소박한 식당 같은 느낌이지만, 중화요릿집다운 새빨간 간판도 있다. 식당 이름은 젠젠이라고 읽는다.

자가토로(じゃがとろ, 1200엔). 폭신한 매시 포테이토가 걸쭉한 소스와 만나서 맛도 느낌도 최고인 일품요리다.

라마에서 고로가 고안한 방법으로, 실제 메뉴에는
다).

다음은 마파두부로 할까, 국물 없는 탄탄면으
할까. 다른 손님들이 먹고 있는 음식을 엿보
갈등하던 고로가 마침내 주문한 것은 옆의
골손님이 추천한 파오차이위(泡菜魚, 사천식
소생선조림). 파오차이는 채소를 발효시켜 만
사천식 채소절임으로, 여기에 고추, 파 등의
향신료를 볶고 육수를 더한 뒤에 튀긴 생선을
어 끓인 요리다.

뜻 보기에는 그다지 매워 보이지 않지만, '우
, 본격적인 사천의 맛이다! 음. 매워. 엄청 매
!'라는 신음이 저절로 나올 만큼 맵다. 특히
국물은 위험할 정도로 매워서 마음의 준비 없이
들이켰다가는 숨이 막힐 지경이 된다. 그렇다고
그냥 맵기만 한 것은 아니다. '생선에도 파오차
이가 깊게 배어 있어. 맵지만 감칠맛이 있어. 폭
발적인 매운맛이야.'라고 말하는 고로의 손이
멈추지 않듯이 감칠맛도 풍부해서 중독되지 않
을 수 없다.

매운맛에 쩔쩔매던 고로가 다시 단골손님의 추
천으로 주문한 것은 자가토로. 이것은 부드러운
매시포테이토에 다진 고기를 넣어 걸쭉하게 만

천장에 매달아놓은 사각 조명등, 카운터와 냉동 쇼케이
스 등은 초밥집을 그대로 인수한 흔적이다.

든 소스를 끼얹은, 사천판 엄마의 손맛이다. 매
운맛에 지친 혀를 잠시 쉬게 하는 편안하고 부
드러운 맛으로 밥과도 궁합이 환상적이다.

주문했던 요리를 전부 만끽한 고로는 마지막으
로 파오차이위 소스를 밥에 얹어 후루룩 먹는
다. '밥하고 같이 먹어도 여전히 매워. 하지만
맛있어.' 하며 깨끗하게 그릇을 비운다. 직접 만
든 천연 조미료 덕분인지 이곳 요리는 모두 깊
은 맛이 나서 물리지 않는다. 하지만 매운맛에
땀이 흥건해질 때를 대비해서 손수건은 꼭 준비
하자!

사천 가정요리 젠젠
(珍々)

주소 : 도쿄 도 에도가와 구 니시코이
　　　와 4-9-20
　　　(東京都 江戸川区 西小岩 4-9-20)
전화 : 03-3671-8777
영업시간 (화~토) 18:00~23:00
　　　(주문 마감 22:00)
　　　(일요일) 18:00~22:00
　　　(주문 마감 21:00)
휴일 : 월요일

신선한 꽁치가 아니면 맛볼 수 없는 회와 나메로우(なめろう). 나메로우는 손질한 생선을 미소 등으로 양념하고 나서 점도가 생길 때까지 잘게 다진 요리다. 8월 하순부터 11월 말까지 꽁치가 잡히는 기간에만 맛볼 수 있는 한정 메뉴다.

여러 종류의 회 중에서 좋아하는 두 가지를 선택하는 회 정식(刺身定食, 950엔). 생선 외에도 문어와 오징어, 조개류도 있어 계절에 따라 다양한 맛을 볼 수 있다.

선한 바다의 먹거리가 맛있는 현지인의 휴식처

쓰치야 식당 지바 현 아사히 시 이오카의 꽁치 나메로우와 대합찜

주쿠리 해변에서 조금 북쪽으로 가면 이오카 변이 나온다. 이오카는 서퍼들이 특히 사랑하 바닷가로 최고의 파도를 찾아온 서퍼들로 붐 는 곳이다. 이곳에서 1985년 창업한 **쓰치야 식**은 서퍼들과 어부들의 휴식처로 오랫동안 사 받아온, 지역 사회에 깊게 뿌리내린 대중식당 다. 대합과 바지락 등 이오카 산지의 신선한 패류를 직판하기도 해서 다른 지역에서 찾아 는 단골손님도 많다.

이블 좌석만 몇 개 놓여 있는 이 음식점은 시 식당다운 다소 조잡한 분위기가 정겹다. 벽 는 거북이와 고양이 등 인형이 장식되어 있어 마치 시골 할머니 집에 놀러 온 듯한 편안함 느껴진다.

벽에 걸린 메뉴를 보면 의외로 카레라이스나 덮 밥, 우동 등 바닷가 식당 같지 않은 메뉴도 많다. 이름만으로는 내용물을 짐작하기 어려운 서퍼 정식이라는 메뉴도 사실은 돼지 생강구이에 달

걀 프라이, 낫토가 나오는 정식으로 바닷가 음 식과는 전혀 상관없는 요리다. 바다 음식에 물 린 어부들이나 원기를 보충하고 싶은 서퍼들을 위한 배려로 보인다.

그러나 모처럼 바닷가에 온 고로는 전부 바다 음식을 주문한다. 칠판에 적힌 '오늘의 회' 가운 데 좋아하는 것 두 종류를 선택하는 회 정식에 단품으로 피조개 회와 대합찜까지 주문한다. 회 정식에서 고로가 선택한 생선은 참치와 꽁치. 종업원이 추천한 대로 꽁치는 나메로우로 주문 했다. 나메로우는 주로 전갱이를 많이 사용하지 만 꽁치가 전갱이보다 달다고 한다.

마침내 테이블에 놓인 요리를 보며 '멋진 풍경 이야. 이거야말로 참된 바다의 식사.'라며 고로 는 웃음 짓는다. 신선한 해산물은 보기에도 아 름답다. 회 정식에는 회 말고도 생두부, 채소절 임, 밥, 국이 함께 나온다. 너무 얇지도 너무 두 껍지도 않은, 딱 적당한 두께의 참치 회는 눈으

줄거리 '실수가 전화위복이 되어 맛있는 해산물을 만끽하다

업무상 작은 실수로 지바 현의 이오카 해변에서 하룻밤을 머무르게 된 고로, '기왕 이렇게 된 거….' 하며 바다가 보 이는 민박집을 찾아 묵는다. 다음 날 항구를 산책하던 중 갑자기 허기를 느 낀 고로는 '바다의 음식, 바다의 음식' 하고 중얼거리면서 맹렬한 기세로 식 당을 찾는다. 그리고 '지금 이 기분에 딱 맞는', 너무도 바닷가 식당다운 곳을 발견한다.

御食事処 つちや食堂

왼쪽의 넓은 직판매장과 노포다운 !
낡은 포렴이 이곳을 찾는 이정표. 이○
수욕장 바로 앞의 좋은 위치.

대합찜(蛤の酒蒸し, 1050엔). 심플ㅎ
문에 더욱 대합의 신선함을 알 수 있는
메뉴. 식기 전에 탱탱한 식감을 즐겨보

봐도 좋은 참치라는 것을 알 수 있다. 그리고 ᄀ음 먹어보는 꽁치 나메로는 기대 이상의 맛이ᄀ다! '오, 달아. 정말로 달아. 이건 정말 밥과 최ᄀ의 궁합인데. 놀라운 맛이야!' 하며 고로는 더ᄋᄀ이 행복한 표정을 짓는다. 기름기가 흐르는 ᄎ치에 파와 생강과 미소가 멋지게 어우러지면 ᄀ전갱이와는 조금 다른 감칠맛이 느껴진다. ᄀ선해서 비린내도 전혀 없고 식감은 매끄럽다. ᄋ이 정말 잘 어울리는 요리다.

ᄋ어서 피조개 회를 한 점 맛본 고로는 '피조개ᄋᄀ 꼬들꼬들한 식감에 고슬고슬한 소금 맛, 정ᄀᆯ 좋다. 이제 막 육지로 올라온 느낌'이라고 그ᄋᄀ선함을 표현한다. 단맛, 향기, 감칠맛 어느 하ᄀ나 부족함이 없다.

ᄀ지막으로 먹은 것은 일인분으로는 보이지 않ᄀᄂᆫ 풍부한 양의 대합찜. 커다란 대합은 '하얗고 ᄑᄋ동포동한 매끈한 미인이야.'라는 고로의 말처ᄀᆷ 한눈에 반할 정도로 모양새가 아름답다. 따ᄀ따끈한 대합을 한입 덥석 물고는 '짜다. 하지ᄆᆫ 이건 바다의 짠맛이야. 나는 지금 바다 자체ᄅᆯ 먹고 있어.'라고 했듯이 바다의 맛이 순식간ᄋ에 입안에 넘쳐난다. 가게 앞에는 '대합구이'라ᄂᆫ 현수막이 걸려 있으나 어찌 된 일인지 대합구이는 없고 대합에 술을 넣고 찐 것만 있었지

비밀 메뉴인 함박조개 튀김(ほっき貝の天ぷら, 850엔)은 상큼한 폰스에 찍어 먹는다. 꼬들꼬들한 식감과 달콤함이 일품이다.

만, 대합구이에 대한 아쉬움 따위는 한순간에 날아간다.

고로는 밥을 추가하면서 묵묵히 신선한 해산물을 즐긴다. 회 정식에 함께 나온 포근한 달걀국도 밥과 잘 어울린다. 육수에 어패류를 사용하는지 뭔가 독특하고 부드러운 맛이 있다. 고로는 '참치, 피조개, 꽁치… 오늘 내 위장에는 만선을 알리는 깃발이 펄럭이고 있다.'며 만족해한다. 고로처럼 멋진 만선 깃발을 펄럭이고 싶다면, 늘 신선하고 맛있는 어패류가 있는 이런 바닷가의 노포를 찾아야 할 것이다.

쓰치야 식당
(つちや食堂)

주소 : 지바 현 아사히 시 산가와 5717-102
(千葉県 旭市 三川 5717-102)
전화 : 0479-57-5781
영업시간 : 8:00~16:00
휴일 : 월요일

도리숫푸(鳥そっぷ, 1인분 3750엔). 진하고 깊지만 느끼하지 않은, 닭 뼈 육수와 간장을 기본으로 한 맛이 예술이다. 점심은 예약 필수.

풍부한 재료를 모두 즐겼다면, 재료 맛이 우러나 더욱 진해진 국물에 우동 사리(280엔)로 마무리한다. 맛이 없을 수 없다.

지'에서 맛보는 잔코나베에 감동

갓포 잔코 오우치

스미다 구 료고쿠 역의 잔코나베

잔코나베

고쿠' 하면 국기관, 국기관 하면 스모, 스모
면 잔코나베. 잔코나베는 쇠고기, 돼지고기
비롯한 생선, 조개, 채소 등 풍부한 재료를 넣
끓인 스모선수들의 보양식으로 원래 스모선
들이 직접 요리해 먹는 음식이다. 스모의 고
인 료코쿠에는 큰길을 따라 화려한 간판을 내
잔코나베 전문점이 즐비한데, **갓포 잔코 오우**
는 이와 대조적으로 조용한 골목 구석에서 차
하게 영업하고 있는 식당이다. 1940년대부터
950년대에 활약했던 스모선수 오우치야마 헤
키치(大內山 平吉)의 가족이 운영하고 있어서
정통 잔코나베를 맛볼 수 있다.
실내가 안쪽으로 긴 음식점에는 카운터 좌석과
방이 있고, 벽에는 현역 시절의 오우치야마 사
진 같은 것들이 붙어 있다. 잔코 전문점의 분위
기가 물씬 풍긴다.
주메뉴인 잔코나베는 정어리 완자, 돼지고기, 닭
고기 등 그 종류도 다양하다. 고로는 그중에서도

음식점이 추천하는 잔코나베 도리솟푸를 주문
한다. '솟푸'는 닭 뼈를 기본으로 한 수프를 뜻하
는 말로 '수프'의 사투리 발음이 정착한 것이라
고 한다.
또한, 튀김, 달걀말이 등 일품요리도 제대로 갖
추고 있어서 '본격적인 대전 전에 뭔가 가볍게
먹어둘까?' 하며 고로는 참마 채(山芋千切り)도
주문한다. 육수가 담긴 냄비와 재료가 나오면
육수가 끓을 때까지 기다려야 하므로 간단한 일
품요리를 주문하는 것도 좋은 방법이다.
참마 채에는 달걀노른자가 함께 나오는데, 노른
자를 채 위에 떨어뜨리고 간장을 두르고 나서
잘 섞어주면 된다. 맛도 영양도 만점이다.
그러는 동안 잔코나베 육수가 끓어오르면 이제
재료를 집어넣는다. 닭고기, 완자, 뿌리채소, 곤
약, 유부… 이런 재료들을 종업원이 능숙하게
넣어준다. 이곳 잔코나베의 특징 중 하나는 배
추가 아니라 양배추를 사용한다는 점이다. 양배

줄거리 **스모의 고장 료고쿠에서**
활력을 얻은 고로

고로는 료고쿠의 이발소에 물건을 납
품하러 들렀다. 최근 들어 일이 잘 풀
리지 않아 힘이 빠졌던 고로는 전직 스
모선수였던 주인에게서 긍정의 힘을
얻는다. 그리고 배가 고파진 고로는 잔
코나베를 찾아 나섰지만 주변 전체가
잔코나베 전문점이라 결정하기가 더욱
어렵다. 이때 고로는 뒷골목에 있는 차
분한 느낌의 잔코나베 전문점을 발견
한다. '좋아, 대결은 이곳에서 한다.'

'경박하지 않은 모습'이라는 고로의 말처럼 성실한 요리를 먹게 해줄 것 같은 외관이다. 물론 그 기대를 저버리지 않았다.

도리솟푸는 닭다리 살, 생선 완자, 두부, 곤약, 유부, 쑥갓, 우엉, 팽이버섯, 파 등 13가지의 재료가 들어간 엄청난 양의 요리다.

는 배추보다 단맛이 강하다고 한다. 그리고
료가 익을 때까지 잠시 기다린다. '준비 자세
취할 때인가… 마치 서서히 투지를 고양하는
식갈군.' 하고 생각하면서 고로는 스스로 식
을 부추긴다. 뚜껑을 열면 마침내 결전이 시
'된다. 다양한 채소를 포함하여 13종류나 되
: 재료가 갈색 국물 속에서 부글부글 끓으면서
:들리는 모습은 그림처럼 아름답다. 훌륭한 혈
-의 잔코나베다. '좋았어! 온몸으로 부딪혀 보
!'며 먼저 국물을 맛본 고로는 온몸에 퍼지는
은 육수 맛에 몸이 따뜻해지는 것을 느낀다.
채소에는 부드럽게 단맛이 돌고, 닭고기와 완자
에도 맛이 깊게 배어 더할 나위 없이 훌륭하다.
견고한 맛이다. 완자와 닭다리 살의 격렬한 몸
싸움도 좋다, 정말 다양한 맛이 나는군. 맛의 백
화점이야.' 고로의 말처럼 재료마다 국물이 스
겨드는 정도와 어우러지는 방식이 달라 아무리
먹어도 질리지 않는다. 모든 재료를 먹어 치우
고는 '멋지게 졌군. 국기관에 승리의 함성과 방
석이 날아다니는 중이야.' 하며 승부의 여운에
빠져 있던 것도 잠시, 고로는 후식 우동을 주문
한다. 우동에는 고명으로 파와 튀김 부스러기가

식당 안에는 한때 모래판을 누볐던 거구의 스모선수 오
우치야마의 사진이 붙어 있다. 아들이 이어받아 전통의
맛을 지키고 있다.

함께 나온다. 부글부글 끓어오르면 앞접시에 듬
뿍 덜어 고명을 얹고 후루룩 먹는다. '잔코나베
를 그렇게나 많이 먹었는데도 계속 들어가는군.
국물에 모든 것이 녹아 있으니 진정한 육수야.'
하며 국물 한 방울 남기지 않고 먹어 치운다.
'전통·전승·연습, 정신력·기술·체력 모두 한
치의 허점도 없는 요리였다.'며 도리솟푸에서
스모의 미학을 발견한 고로가 말한다. "한 수 배
웠습니다!"

갓포 잔코 오우치
(割烹ちゃんこ 大内)

주소 : 도쿄 도 스미다 구 료고쿠 2-9-6
　　　(東京都 墨田区 両国 2-9-6)
전화 : 03-3635-5349
영업시간 : 11:30~13:30/17:00~22:00
휴일 : 일요일, 공휴일(국기관에서 시합
　　이 있는 기간에는 영업함.)

태국식 닭고기 토핑 국물 없는 국수(汁無し鶏ッピング, 735엔). 달콤 짭짤한 간장 양념이 ㅈ게 배어 있어서 정말 맛있다!

매운 요리를 먹고 싶은 사람에게 추천하는 다진 소고기와 태국 스파이시허브(牛挽肉とタイスパイシーハーブ, 980엔). 태국 허브와 고추가 씨앗째 들어 있다.

역 주민들에게 사랑받는 태국 요리에 빠져들다

태국 음식점, 라이카노

다치 구 기타센주 역의 태국 카레와 닭고기 토핑 국물 없는 국수

전에 역참마을로 성황을 이뤘던 센주에서 고
는 그곳 분위기에 어울리는 음식을 찾아 헤매
있었다. 지금의 기타센주 역 주변에는 선술
을 비롯한 음식점과 클럽 등 야간업소가 비좁
늘어서 있다.

'이쪽은 어떨까?' 하고 뒷골목으로 들어가자,
침 여자 손님이 어떤 식당에서 나오고 있다.
그 식당은 태국 요리 전문점인 **라이카노**다. '태
요리는 여자들이 좋아하지. 나도 좋아하지
…' 개업 21년을 맞이하는 태국 음식점 **라이
카노**는 기타센주 역에서 도보로 3분 거리에 있
는 역 근처인데도 북적대는 술집 골목 뒤에 있
어서 눈에 잘 띄지 않는다. 태국인 여주인이 자
기가 사는 동네에 자국의 맛을 알리고 싶어 시
작한 본격 태국 음식점으로 지역 주민에게 지속
적인 사랑을 받고 있는 곳이다. 요리사는 태국
에서 수련을 쌓은 태국인들로만 구성되어 있어

서 본고장 그대로의 맛을 고집한다. 고추 양은
조금 절제했다고 하지만, 그래도 다른 태국 음
식점들과 비교하면 매운 편이다. 더욱이 '본고
장 그대로'라고 주문하면 요리사들은 무척 기뻐
하며 본고장과 똑같은 매운맛으로 만들어준다
고 한다.

고로는 여성 손님들만 가득한 **라이카노**에서 홀
로 식사 중인 남성 손님을 발견하고는 자기 마
음대로 그를 '마음속 전우'로 삼는다. 그리고 그
남성 손님을 의식하면서 음식을 주문한다.
처음에 고로가 먹은 요리는 태국 채소(카이란)
볶음. 카이란은 중국 식물로 태국에서는 '카나'
라고 부른다. 식감은 브로콜리와 비슷해서 아삭
아삭 씹히는 맛이 특징이다. 달콤 짭짤한 양념
의 카이란을 먹으며 고로는 '맛있어! 카이란 정
말 맛있어!' 하고 마음속으로 외친다.
다음에 나온 요리는 태국 북동부 소시지구이(夕

줄거리

역참마을에 어울리는 음식을 찾아 도착한 곳은?

과거 닛코 가도와 오슈 가도 사이의 최
초 역참마을로 번성했던 센주. 기타센
주(北千住) 역에 내린 고로는 재개발된
역 주변의 모습에 놀라면서 잠시 추억
에 젖지만, 이내 배가 고파진다. '역참마
을의 음식으로는 뭐가 있을까?' 하고 식
당을 찾기 시작하지만….

개업 21년을 맞은 라이카노는 '본고장의 맛'을 고집하는 태국 음식점. 고추는 조금 자제하고 있지만, 그래도 다른 식당 음식보다 맵다.

이곳 요리사들은 특히 매운 요리에 강하다. 그 밖의 인기 메뉴는 파파야샐러드(パパイヤサラダ), 얌운쎈(ヤムウンセン), 똠얌꿍(トムヤムクン) 등이다.

北東部ソーセージ焼き). 한입 크기의 소시지 속
는 마늘과 고수가 들어 있다.

리고 **라이카노**가 추천하는 매운 요리의 대표
다진 소고기와 태국 스파이시 허브를 먹은
로는 '매워! 매운맛이 나중에 올라오는군. 매
맛이 마구 쫓아오고 있어! 무에타이로 치면
자기 하이킥을 당한 기분'이라며 흥분한다.
국 쌀로 지은 밥과 함께 먹으면 매운맛이 더
맛있게 느껴진다.

도 아직 남아 있어서 '태국 카레도 먹어보고
다.'며 주문한 것이 삶은 닭과 감자 카레(煮込
鶏肉とジャガイモカレー)였다. 태국에서는 마
만 카레라고 부르는데, 그런 카레와 달리 단
맛이 나는 카레. 매운 요리 뒤에 마사만 카레
를 먹고 그 맛의 간극에 매료된 사람이 많다고
한다. 물론 고로도 그중 한사람으로 '부드러운
맛이야. 아까 먹은 소고기가 공격적인 요리라
면, 태국 카레는 수비적인 요리야!' 하며 허겁지
겁 먹어 치운다.

그러고도 또 먹는다. 처음 먹어보는 태국의 국
물 없는 국수는 확실하게 섞은 다음에 먹어야

고로가 식후에 먹은 디저트 카놈토이(カノムトイ, 떡과
코코넛 밀크를 찐 것. 런치타임 380엔). 태국의 따뜻하고
달콤한 대표 과자다.

하는 요리다. '달콤 짭짤한 간장 맛. 생각했던
것과 다르다. 처음 먹는 요리인데도 금세 친숙
해지는 맛이야.'

식당에서 나오려던 고로는 디저트를 주문하지
않았다는 사실을 떠올리고 태국의 대표적 길거
리 음식인 카놈토이를 시키며 본격 태국 요리를
만끽했다.

태국 요리 라이카노
(ライカノ)

<u>주소 : 도쿄 도 아다치 구 센주 2-62</u>
　　　(東京都 足立区 千住 2-62)
<u>전화 : 03-3881-7400</u>
<u>영업시간 : 11:30~15:00/17:00~23:00</u>
　　　　(주문 마감 22:30)
<u>휴일 : 첫째, 셋째 화요일</u>

응?

뭐야,
이
식당은?

됩니다.
우리 식당
메뉴는 모두
맛있어요.

식사,
됩니까?

어서
오세요.

조금
황당
하군.
아침
9시
반에
문을
연
술집
이라!

원작의 모델이 됐던 유명 맛집

제4화
도쿄 기타 구 아카바네의
장어덮밥

2

줄거리

아침부터 취객으로 붐비는 백일몽 같은 식당

고로는 아침 8시 납품 건으로 아카바네
(赤羽)에 왔다. 3층에 있는 납품처에는 엘
리베이터도 없고, 도와줄 직원도 없다. 육체
노동으로 심하게 허기가 진 고로가 향한
곳은….

...로도 놀란 이른 아침의 대중술집

...어와 장어의 마루마스야

...른 아침 납품을 마치고 배가 고파진 고로는
...런 이른 아침부터 영업하는 곳이 있을까?'
...신반의하면서도 아카바네 역 앞에서 허기를
...우기로 한다. 그런 고로가 발견한 곳이 바로
마루마스야다. 기타간토 지역의 현관이자, 도쿄
...와 사이타마 현 경계에 있는 교통의 요충지 아
...바네는 화려한 환락가가 형성되어 있는 곳이
...다. **마루마스야**는 그런 아카바네에서도 손꼽히
...는 유명 식당이다.

...이 식당에서 고로가 '나는… 꿈이라도 꾸고 있
...는 듯하다…'며 문화적 충격을 받은 것도 이해
할 만하다. 고로가 그곳에 간 시각은 오전 9시
반이었지만, 식당 안은 이미 취객들로 시끌벅적
했던 것이다. 확실히 시간 감각이 마비되기에
충분한 광경이다.

'아침부터 술을 마실 수 있는 식당을 운영하고
싶었다.'는 창업자 선대의 유지가 지금도 이어
지고 있는 이 식당의 개점 시간은 아침 9시. 야
간 업무를 끝낸 사람들이 한잔하기 위해, 또는
고로처럼 아침 식사를 하기 위해 찾는 등 목적
은 각기 다르지만, 식당 안은 이른 아침이라고
는 생각할 수 없는 분위기다. 마치 새벽 수산시
장 같은 활기가 넘치는 분위기에 고로뿐 아니라
처음 이곳을 찾은 사람이라면 놀랄 만도 하다.
하루가 멀다 하고 찾아오는 단골손님도 많아서
'근처 사는 노인이 삼사일 가게에 나타나지 않
으면 걱정된다.'는 종업원의 따뜻한 성품도 인
기의 비결 중 하나인지도 모른다.

여하튼 그런 활기에 자극받은 고로도 아침부터
장어덮밥에 생두부껍질, 연어알 절임과 돌김까
지 내키는 대로 마구 주문한다. 그러나 이내 '조
금 성급했나… 균형이 엉망이군.' 하며 조금 후
회하지만, 정작 젓가락을 들자 음식마다 '맛있
어.', '맛있어.'를 연발하며 차례차례 그릇을 비
워가는 평소 모습으로 돌아온다(고로답지 않게
돌김은 남겼는데, 고로가 주위 분위기에 휩쓸려 지

고로가 주문한 요리들. 그 자태도 아름
답다. 연어알 절임(いくらのどぶ漬け)
은 재료가 들어왔을 때만 먹을 수 있는
한정 메뉴다.

하지만 **마루마스야**가 선술집처럼 보인다고 해서 결코 만만하게 봐서는 안 된다. 간판에도 적혀 있듯이 '잉어와 장어'를 주요 메뉴로 하고 있으며, 더욱이 자라 요리까지 맛볼 수 있는 등 본격적인 요리가 많다. 물론 식당 안을 가득 메운 메뉴 종이들을 봐도 알 수 있듯이 선술집의 기본 안주도 다양하게 갖추고 있다.

나치게 많이 주문했다는 것을 알 수 있다.).

20년 전부터 변하지 않은 풍경. 평일 오전 10시. 식당은 이미 많은 취객으로 가득 차 활기가 넘치고 있다.

어와 호로새의 이색적인 '대결'

가와에이
기타 구 아카바네 역의 호로새와 장어덮밥

개발 등으로 빠르게 변하는 아카바네. 그런 아바네에서 1946년 창업 당시부터 변하지 않는 습, 변하지 않는 맛으로 영업하고 있는 곳이 가에이다. 장어와 새요리를 취급하는 가와에이는 당 앞에도 판매대를 두고 있어서 맛있는 냄새 연기와 함께 부근을 감싸고 있다. 고로도 '오! 어다, 장어. 삼복은 아직 멀었지만, 지금 내 몸 장어를 원하고 있어. 게다가 이 고소한 냄새! 오랜만에 맡는 장어 냄새에 위장이 요동 치는. ' 하며 망설임 없이 안으로 들어간다. 안쪽 테 블 자리로 안내받아 메뉴판을 펴자, 먼저 눈에 들어온 것이 호로새다. '프랑스 요리에 있었던 것 같은데. 설마 장어요릿집에서 보게 될 줄이 야.'라는 고로의 말처럼 호로새는 프랑스의 기본 식자재다. 일본에서는 낯선 식자재를 이런 노포에서 만나는 의외성이 정말 기분 좋다.
회에 다타키*, 비겟살의 다채로운 요리를 선사해주는 호로새에 어느새 마음을 빼앗긴 고로가 주문한 것은 호로새 모듬, 호로새 꼬치, 호로새

비겟살 꼬치, 호로새 수프, 그리고 무슨 맛인지 궁금했던 장어 오믈렛(うなぎのオムレツ)이다. 처음 의도와는 달리 고로의 주문은 호로새요리가 중심이 되었다.
테이블에 놓인 호로새요리 중 고로가 가장 먼저 젓가락을 가져간 것은 '두툼한 살집이 보기에도 맛있을 것 같은' 호로새 모듬이었다. 회 한 점을 입에 넣은 고로는 '오! 이 맛은 미지와의 만남!'이라며 상상 이상의 맛에 감동한 것 같다. 이어서 마늘 소스에 찍어 먹는 다타키를 맛보더니 '우와! 최고의 선택이었어. 호로새도, 이 식당도!' 하며 호로새의 맛을 확신하게 된다.
다음은 7종류의 부위를 한 꼬치로 즐길 수 있는 호로새 꼬치로 고로는 레몬을 짜서 즙을 뿌리고 '정말 맛있다!'는 탄성을 지르면서 순식간에 먹어 치운다. 한편 호로새 비겟살 꼬치는 무즙과 함께 개운하게 먹고는 입안에서 녹는 감칠맛에 '이

....

* たたき : 칼등으로 생선을 두드려 다진 것.

20년 만에 아카바네에서 새로운 발견을

'이십 년 만인가? 많이 변했구나.' 하고 아카바네(赤羽) 역에 내린 고로. 온통 검은색으로 치장한 기이한 여성과 단골 가게인 스낵바에 물건을 전해달라는 남성, 그리고 상담 의뢰인까지 고로를 지치게 한다. 정신적 피로에 한층 배가 고파진 고로는 예전에 간 적이 있었던 식당에서 장어를 먹으려고 상가로 향한다. 그런데 바로 가까운 곳에 장어요릿집이 보인다.

아카바네 역 동쪽 출구에서 걸어서 4분 정도 거리의 번화한 술집 골목 한쪽에 있다. 좋은 의미의 '초라한' 느낌이 정말 좋다.

회와 다타키가 같이 나오는 호로새 모듬(ほろほろ鳥の合わせ盛り, 1200엔). 회는 쫀득하고, 다타키는 씹을수록 감칠맛이 퍼진다!

재미있는 맛'이라며 특유의 웃음을 짓는다.
ㅏ이맥스를 장식한 호로새 수프는 감칠맛이
ㅏ든 짙은 맛을 낸다. 고로는 '이건 저절로 탄
ㅣ 나올 수밖에 없군.' 하며 순식간에 그릇을
운다.

ㅏ음 나온 장어 오믈렛은 신선한 노란색의 둥
모습이 아름답다. 숟가락을 넣자 촉촉한 달
사이로 장어가 데굴데굴 나온다. 고로는 크
한입 먹더니 '음! 이런 맛이군. 달콤 촉촉. 장
집이 마치 서양식 레스토랑 같은 기분이 들
. 달걀 속에 있어도 장어는 장어지. 사이 좋게
울리면서도 자신을 잃지 않는군.'이라고 혼잣
한다. 장어는 역시 오래전부터 사랑받아온 고
ㅏ 식품이다.

ㅓ어의 실력을 재확인한 고로는 주요리인 장어
ㅑ밥을 주문한다. 옆에 있던 젊은 손님은 호기
ㅑ게 장어 도시락 특대를 주문했지만, 고로는
난 이걸로 충분해.' 하며 빙긋이 웃는다. 알맞
ㅔ 구워 탐스러운 광택을 띠는 장어는 보기에도
ㅓ상의 품질이다. 고로는 '맛있어! 장어와 흰밥
은 역시 최강이야! 최강 부대가 위장으로 쾌속
질주 중'이라며 어설픈 익살도 부려본다.

잠시 숨을 돌리며 나라즈케*를 맛본 고로는 비
록 술을 못해 나라즈케와는 거리가 멀지만, '이
건 좋은 나라즈케다. 맛있어. 하지만 조금 취할

호로새의 껍질을 사용한 호로 껍질 폰스(ほろ皮ポン酢,
450엔)도 인기 메뉴. 그 밖에도 호로새 꼬치(ほろバラ串),
호로새 비곗살 꼬치(ほろあぶら串), 호로새 수프(ほろスー
プ) 등 호로새를 이용한 요리는 다양하다.

것 같군.' 하면서 눈을 끔벅끔벅한다. 다시 정신
을 가다듬고 장어덮밥으로 돌아온 고로는 '좋
아, 아주 좋아. 먹어도 먹어도 여전히 맛있어. 호
로새의 활약상이 희미해질 정도야. 이 깊은 맛
은 하루아침에 만들어지는 것이 아니야. 난 역
사를 먹고 있는 거야.'라며 길고 긴 장어 찬양을
시작한다.

일어서는 길에 다리가 후들거리자 고로는 '다
큰 어른이 나라즈케를 먹고 취하다니, 호로새가
비웃겠군.' 하며 들뜬 기분으로 식당을 나선다.

....

* 奈良漬(け): 술비지에 월과나 무를 절인 식품.

가와에이(川栄)

주소 : 도쿄 도기타구 아카바네 1-19-16
　　　(東京都北区 赤羽 1-19-16)
전화 : 03-3901-3729
영업시간 : 11:30~14:00(주문 마감)
　　　　　 18:00~21:30(주문 마감)
　　　　　 (일·공휴일) 11:30~17:00(주
　　　　　 문 마감)
　　　　　 장어가 동나면 일찍 문 닫음.
휴일 : 수요일(수요일이 공휴일인 경우
　　　 다음 날 목요일)

돼지 위 생강구이(チートのしょうが炒め 600엔). 보기와는 달리 부드러운 식감의 반전 매력이 있다. 풍성한 생강으로 식욕 증진!

'이것도 저것도 전부 마늘이 들어 있군. 그래서 밥이 자꾸 당겨.', '먹을수록 힘이 나는군.' 하고 고로가 절찬했던 스태미나 음식들.

지의 모든 부위를 사용한 희귀한 메뉴에 감탄

다이이치테이

나가와 현 요코하마 시 히노데초 역의 돼지 위 생강볶음과 파탄

중심부에서 조금 떨어진 것만으로 전혀 다른 분위기야. 요코하마에는 여러 가지 얼굴이 있어.'는 고로의 말처럼 조용한 거리가 이어지는 히노데초. **다이이치테이**는 이곳 히노데초에 음식점을 열고 50년이 지난 지금도 가족이 운영하고 있다.

이 음식점으로 인도하는 표식은 '저건 뭐지? 돼지가 잔뜩 있네.' 하고 고로가 무심코 발걸음을 멈추게 했던 강렬한 느낌의 간판이다. 간판에는 돼지의 다리, 귀, 꼬리, 혀 등 돼지고기 부위가 나열되어 있다. 가게 이름이 적힌 또 다른 간판에는 '곱창전골', '곱창볶음'이라는 글자도 보인다. '중화 곱창이라… 이런 식으로 도발하는군. 좋아! 받아주지.' 하고 고로도 대번에 대결에 응한다.

카운터와 테이블, 그리고 작은 방도 있는 식당 안은 단골손님들로 북적거린다. 카운터 안쪽에서는 여주인이 가끔 커다란 불꽃을 일으키며 박력 있게 음식을 요리하고 있다.

벽에 걸린 메뉴판을 본 고로는 '곱창, 내장, 자궁, 심장, 위장, 혀에 머리까지. 없는 부위가 없군.' 하며 감탄한다. 면이나 밥 종류가 공략하기 쉬우리라고 생각하면서도 '이곳에서는 역시 돼지로 승부를 가려야겠지. 돼지고기에 흰밥. 직구로 대결하자. 문제는 돼지의 어느 부위를 공략할 것이냐!'라며 고민에 고민을 거듭한다. 결국 돼지 혀와 곱창볶음, 그리고 그 맛이 궁금했던 돼지 위 생강볶음을 주문하기로 한다. '돼지 삼종 세트는 너무 무거웠나….' 조금 후회하면서 기다리고 있는데 옆에 앉은 단골손님이 '파탄'이라는 의문의 요리를 주문한다. 대체 어떤 음식일까? 궁금해하던 중 마침내 고로가 주문한 요리가 나왔다.

막상 요리가 눈앞에 놓이자 '좋은 선택이었어. 식욕이 마구 솟구치고 있어.'라며 고로는 기분이 고조된다. 돼지 위 생강볶음을 한입 먹자,

줄거리

히노데초를 산책하던 중 발견한 의문의 간판

고로는 '요코하마에서 두 정거장 떨어졌을 뿐인데 이런 느낌이구나.' 하고 히노데초(日ノ出町)를 산책하는데 의뢰인으로부터 전화가 온다. 바보처럼 시간을 착각한 것이다. 기선을 제압당한 상황에서 업무를 끝내자 공복감이 밀려온 고로는 식당을 찾아 헤매던 중 '돼지'라는 글자가 반복되는 의문의 간판을 발견한다….

살짝 들어가 보고 싶어지는, 오래된 중화요
릿집 분위기의 외관. 오른쪽에는 돼지 부위
명칭을 나열한 커다란 간판도 보인다.

파탄(パタン, 600엔). 음식을 만들 때 칼등으
로 마늘을 '탁(파탄)'하고 으깨서 이런 이름이 붙
었다. 양념은 단순하게 참기름과 마늘뿐.

-와, 이 돼지 엄청나군. 너무 맛있어. 이게 돼
의 위라고? 쫄깃쫄깃할 줄 알았는데 폭신폭
부드러워. 정말 맛있어.' 하며 예상을 뒤엎는
감에 매료된다. '생강 맛에 밥 생각이 간절해
다.'는 고로의 말처럼 채 썬 생강이 들어간 양
도 특별하다. 어깨살과 곱창볶음은 씹는 맛이
는 꼬들꼬들한 식감. 진한 미소양념이라 이
시 밥과 잘 어울린다. '밥과 곱창과 나, 이 삼
관계를 계속 유지하고 싶다.'며 흰밥 좋아하
: 고로는 황홀경에 빠진다.
으음… 파와 돼지 혀와 미소양념. 이 조합도 최
이군.' 하고 고로를 감탄하게 한 돼지 혀는 생
를 고기 위에 얹고 미소양념을 찍어 먹는다.
지 혀의 식감은 부드럽다.
돼지에도 다양한 빛이 있군. 그 빛들이 이 식당
안에서 밤하늘의 별처럼 소곤대고 있다.'며 고
로는 돼지의 매력을 재발견하기라도 한 듯이 돼
지요리를 척척 해치운다.
요리를 절반 넘게 먹고는 문득 손을 멈춘 고로
는 밥을 추가할까 생각한다. 그때 옆자리의 단
골손님이 주문한 파탄이 나온다. 언뜻 보기에는
고명으로 파만 얹은 단순한 야키소바 같지만,
맛은 과연 어떨까? 단골손님의 부탁으로 시작
한 요리라 메뉴판에는 없지만, 고로도 부탁해보

돼지 혀(豚舌, 600엔). 시간을 들여 삶아서 촉촉하고 부드
럽다. 파와 마늘과 미소의 궁합이 탁월하다.

기로 한다.
마늘이 꽤 많이 들어가는지 '모레까지 냄새가
남습니다.'라는 단골손님의 충고를 반신반의하
며 후루룩 먹어보니 확실히 강렬하다!
'오… 마늘도 이 정도 넣으니까 맵군! 몸이 뜨
거워져.' 하지만 멈출 수가 없다. 주인이 추천한
대로 수프에 담가 먹어보는데, 이건 또 이대로
좋다.
모든 음식을 다 먹은 고로는 '돼지에게 감사를,
그리고 주인에게도 감사를!'이라고 말한다. 마
늘 냄새 탓에 내일 일할 수 없을지도 모르지만,
맛있었으니 상관없다!

다이이치테이(第一亭)

주소 : 가나가와 현 요코하마 시 나카
　　　구 히노데초 1-20
　　　(神奈川県 横浜市 中区 日ノ出 町
　　　1-20)
전화 : 045-231-6137
영업시간 : 11:30~13:30(평일만)
　　　　　16:30~21:30
휴일 : 화요일

'구이 종류도 여럿 갖추고 있고, 역시 생선가게 주인이다.'라
감탄한 선발 메뉴 중에서도 특히 살점이 탱글탱글한 은대구
소구이는 이 식당의 인기 메뉴다.

금눈돔 회(きんめ鯛刺身, 600엔), 은대구 사이쿄 미소구이(은
京焼き, 650엔), 지느러미살(えんがわポン酢, 550엔), 바지
(しじみ汁, 350엔). 이것이 바로 고로가 조합한 호화판 생선 정

선가게 주인이 운영하는 식당은 확실하다!

우오타니 분쿄 구 에도가와바시 역의 은대구 사이쿄 미소구이

도가와바시의 에도가와 강은 간다가와 강의 이름이다. '그런 이름의 다리가 정말 있구나.' 하고 깨닫는 고로의 말처럼, 이 지역을 흐르는 간다가와 강 상류에는 '에도가와바시'라는 이름의 다리가 있다. 그리고 서민 정서가 남아있는 역 부근 상가에는 아담한 가게들이 성업하고 있다. 그곳 생선가게 주인이 경영하는 식당이 우오타니. '이 식당은 생선가게 주인이 운영하는 곳 같은데? 맞는다면 맛은 확실하지.'라는 고로의 판단은 옳았다. 이곳에서는 매일 신선하고 맛있는 생선요리를 즐길 수 있다.

가게 안으로 들어가면 곧바로 주방과 카운터가 있고, 안쪽에 방이 있다. 넓지는 않지만 차분한 분위기로 어색하지 않게 혼자 술 한잔 하기에도, 식사를 하기에도 좋아 보인다.

'일단 정공법으로 상황을 지켜보자.'며 회와 구이를 선택한 고로가 주문한 요리는 금눈돔 회와 은대구 사이쿄 미소구이, 그리고 지느러미살에

밥과 미소국으로 생선요리 성찬을 완성했다. 맥주를 마시던 옆자리 손님이 주문한 안주 세트를 슬쩍 보니, 접시에 회와 구이, 튀김 등이 조금씩 담겨 있고, 연어알 간장 절임까지 곁들여 나온다. 정말 술안주로는 최고일 듯하다.

가정 문제, 회사에 대한 불만 등 주변 손님들의 술자리 푸념을 들으면서 술을 못 마시는 고로는 우롱차를 홀짝이고 있다. 그리고 마침내 요리가 나온다. '그래, 좋은 그림이야.' 하며 잠시 요리를 들여다보다가 먼저 젓가락을 가져간 곳은 역시 회였다. 보기에도 아름다운 금눈돔은 기름기가 자르르 흐르고 '맛있는 회에는 와사비 간장과 흰밥이 최고지. 완벽해. 생선이 정말 신선해. 이거면 충분해.' 하며 고로는 거침없이 만족감을 드러낸다. 밑반찬과 미소국도 정말 맛있어서 '난 섬나라 농경민족의 후손이 맞다.'는 것을 절실히 느낀다.

살집이 두툼한 은대구 사이쿄 미소구이는 보이

줄거리

처음 와보는 에도가와바시에서 상가를 산책하다

고로는 개인적인 일로 기원을 방문하기 위해 처음 에도가와바시(江戸川橋) 역에 내린다. 하지만 기원 주인이 맞선을 보라고 권유해 도망가듯 기원을 나온다. 근처의 상가를 산책하면서 센베이를 사 먹었더니 오히려 배가 고파진다. '일식이 당기는군.' 하며 상가에서 식당을 찾던 고로가 발길을 멈춘 곳은 생선가게에서 운영하는 식당이었다.

장소는 상가 초입으로 신선한 생선이 진열된 생선가게가
있다. 낮에는 식사에 적합한 생선요리를, 밤에는 안주에
합한 생선요리를 즐기는 손님들로 늘 북적댄다.

폭탄 낫토(ばくだん納豆, 700엔). 고로는 '김과 혼
탁하면 고급 회조차도 마음을 허락한다.'며 낫토의
감탄한다.

대로 식감이 탱글탱글하다. 일반 미소보다 이 더 많이 들어간 사이쿄 미소는 옅은 노란의 부드러운 미소로 염분이 적은 것이 특징다. '졸여도 구워도 여전히 신선한 맛, 사이쿄 소구이는 최강의 구이다. 그 맛을 흰밥으로 쫓는 이 행복'에 감탄하는 고로의 얼굴에 부드러운 미소가 활짝 피어난다.

고추를 넣은 무즙과 파를 고명으로 얹은 지느러미살의 맛은 '우왓, 이건 완전 우와우와야!'라고 정체불명의 감탄사를 자아내게 한다. 고로가 '바로 조금 전까지 펄럭이던 지느러미야. 근육이 아직도 살아 있는 것 같아.'라고 했듯이 식감이 탱탱하다. 그러면서도 비계가 사르르 녹는다. '생선이 맛있으면 그것만으로도 행복해진다.'며 기분이 고조된 고로는 홍살치 조림도 추가로 주문한다. 그리고 궁금했던 메뉴 '폭탄 낫토'가 무엇이냐고 여주인에게 물었을 때 '낫토에 달걀노른자, 삼치 등뼈살, 흰살 생선, 문어, 성게, 연어알 등을 올린 요리'라는 대답을 듣자, 고로는 망설임 없이 곧바로 주문한다.

폭탄 낫토는 간장을 두르고 가볍게 섞어 김에 싸 먹는다. 어패류는 대부분 와사비와 함께 먹지만, 이곳은 낫토와 겨자가 나와 신선하다. 일단 과감하게 섞고 나서 김에 듬뿍 올려 먹으면

박력 있는 홍살치 조림(きんきの煮付け, 시가)은 식사로 먹는 사람이 많다. 과연 조림의 왕, 맛도 탄력도 최고다.

'오! 다양한 맛이 폭탄처럼 공격해오는군.' 하며 이 요리 이름의 진가를 실감하게 된다. 밥에 얹어 먹는 손님도 많다는 말을 듣자 고로도 시도해보는데, 물론 맛없을 리가 없다.

홍살치 조림은 양념장만 봐도 침이 고인다. 고로는 '아! 홍살치는 조림의 왕이다. 이 깊은 맛과 탄력에 혼을 빼앗기는 느낌'이라며 매료된다.

'술을 못 마셔도 불만과 고민을 날려주는 맛있는 밥이 있다. 이런 식당을 만나게 돼서 다행이다. 고맙습니다.' 식당을 나온 고로는 옆 생선가게를 지키는 점원에게 웃으며 고개를 숙인다.

오우타니(魚谷)

주소 : 도쿄 도 분쿄 구 세키구치 1-2-8
　　　 (東京 都文京区 関口 1-2-8)
전화 : 03-3268-8129
영업시간 : 11:30~13:30/17:30~22:30
휴일 : 토, 일요일, 공휴일

명물 햄 커틀릿(ハムカツ, 300엔). 햄 커틀릿의 역사를 바꾼 초특급 두께! 바삭바삭하고 얇은 튀김옷과 부드러운 햄의 식감 차이도 재밌다. 소스는 넉넉하게 뿌려야 더 맛있다.

아보카도 닭고기 멘치(アボカド鶏メンチ, 500엔). 커다란 아보카도와 다진 닭고기가 꽉 차 있다. 숟가락으로 떠서 호호 불며 먹어야 제맛이다.

술을 못 마셔도 가고 싶은 닭요리 술집

도리쓰바키

이토 구 우구이스다니의 아보카도 닭고기 멘치와 양념 닭고기덮밥

우구이스다니 역에 내린 고로는 '다시 보니 무 뭐나 풍류 있는 이름'이라며 잠시 감상에 젖 다. '휘파람새의 계곡'이라는 뜻의 우구이스 다니는 과거 문인들이 많이 살았던 곳으로도 유 명하다. 이 일대는 한적하고 정취 있는 주택가 와 버드나무가 어우러진 깨끗하고 그림 같은 마 을로 느긋하게 산책하기에 안성맞춤이다.

도리쓰바키는 그런 우구이스다니 역 앞 술집들 이 모인 곳에 있다. 간판에 적힌 '아침 술, 낮술 대환영'이라는 문구만 봐도 알 수 있듯이 애주 가들에게는 최적의 주점이다. 술을 못 마시는 고로는 잠시 망설이지만, '아니야, 숯불구이잖 아. 꼬치구이와 흰밥은 나쁘지 않아, 응? 가자!' 하며 마음을 굳힌다.

카운터와 작은 방뿐인 주점 안으로 들어가자 이 미 제법 취기가 오른 손님들이 여럿 보인다. '예 상은 했지만, 역시 여기고 저기고 술꾼들뿐이 군.' 하며 난감한 표정을 짓는 고로는 '점보' 사

이즈 생맥주 잔의 크기에 깜짝 놀라기도 하고, 술안주 사이에 핫케이크가 있는 등 혼란스러운 메뉴판에 당황하기도 하면서 좀처럼 메뉴를 정 하지 못한다.

'안 돼. 공복인데 메뉴에 집중하지 못하고 있어. 정신 차려!' 하고 냉정함을 되찾자, 서서히 음식 점 전모가 보이기 시작한다. 그러다 고로가 결 국 주문한 요리는 간튀김과 명물 햄 커틀릿, 그 리고 무즙 폰스에 밥과 미소국이다.

술집에 가면 흔히 그러듯이 술을 못 마신다고 취객에게 놀림을 받으면서 요리를 기다리던 고 로는 무심코 바라본 칠판에 적힌 아보카도 닭고 기 멘치라는 메뉴도 추가로 주문한다.

하지만 테이블에 놓인 음식을 보자 고로는 의문 을 품는다. 무즙 폰스인데 폰스가 보이지 않는 다. 종업원에게 어찌 된 거냐고 묻자 '폰스를 뿌 린 겁니다. 하얀 폰스거든요.'라고 대답한다. 정 말 독특한 폰스가 아닌가.

줄거리

우구이스다니의 술집 거리에서 밥집을 찾다

의뢰인을 만나기 위해 우구이스다니(鶯 谷)역에 내린 고로, 그랜드 카바레를 재현 하기 위한 장식품을 의뢰받고, 오랜만의 큰 일거리에 힘을 쏟았더니 배까지 고파 졌다. 맛집이 곳곳에 숨어 있을 것 같은 지 역을 돌아보던 중 숯불구이라고 적힌 간 판이 눈에 들어온다. 아침 10시 개점의 술 집이라는 점이 조금 불안하지만….

하룻밤 말린 닭고기(鳥の一夜干し, 400엔). 잘게 찢어놓은 모습이 꼭 오징어채 같다. 마요네즈와 시치미를 찍어 먹으면 최강의 술안주다.

드라마에서 손님이 먹고 있던 강황 닭튀김(チューリップ唐揚げ, 3개 270엔). 큼직해서 포만감이 큰 음식이다. 1개 90엔부터 주문할 수 있다는 점도 좋다.

~시 음식에 집중하면서 먼저 간튀김부터 맛본
~. '오, 간이다 간! 간답게 농밀한 맛'이라며 고
~가 기뻐했던 간튀김은 달콤 짭짤한 유린기 소
~가 잘 배어 밥과 어울린다.
~물 햄 커틀릿은 다른 곳에서는 볼 수 없는 두
~한 두께를 자랑한다. 가방에서 자를 꺼내 살
~ 두께를 재보니 무려 2.5센티미터! 경이롭
~. '이런 건 염분이 몸에 좋네 나쁘네 떠들 것
~이 듬뿍듬뿍 뿌려야 맛있지.' 하며 고로는 주
~ 없이 소스를 듬뿍 뿌린다. 젓가락 끝으로 겨
~를 살짝 찍어서 얹으니 추억의 맛이 입안에
~득하다. '오! 이거야 이거. 이 소스 맛이면 난
언제든지 골목대장이 될 수 있어.'
이때 방금 막 튀긴 아보카도 닭고기 멘치가 등
장한다. 따끈따끈한 멘치를 갈라 보니 반으로
자른 아보카도가 통째로 들어 있다. '맛있어, 맛
있어. 이거 정말 맛있군. 아보카도의 맛이 마구
퍼지고 있어.' 아보카도의 감칠맛과 닭고기의
풍미도 궁합이 좋다.
'그러고 보니 튀김 잔치로군.' 하고 생각한 고로
는 무즙 폰스로 잠시 휴식을 취한다. 흰색인데
도 폰스의 맛이 확실하게 나서 밥에 얹어 먹어
도 맛있다. '튀김, 흰색 폰스, 튀김, 흰색 폰스. 이
조합도 훌륭하군.'
고로는 한 차례 먹고 나서 다시 메뉴로 돌아온

바삭하고 부드러운 간튀김(油淋肝, 300엔). 간요리는 부
추를 넣어야 밥에 어울린다고 생각했지만, 유린기 소스
의 튀긴 간도 밥과 어울린다.

다. 닭요리 전문점인 만큼 마지막 결정타로 양
념 닭고기덮밥을 주문한다. 간이 확실하게 밴
재료를 묵직하게 올린 미니덮밥이다. 한입 먹어
본 고로는 '아하! 닭고기 스키야키를 얹은 밥이
군. 그렇다면…' 하고 날달걀을 주문한다. 달콤
짭짤한 맛에 달걀이 어울리지 않을 리가 없다.
'그래, 생각했던 대로야. 날달걀의 대활약이다!'
하며 숟가락으로 호탕하게 긁어먹는다.
'저렴한 안주를 달걀과 밥으로 흘려보낸다. 우
구이스다니의 낮 술집에서 이런 점심을 먹고 있
는 나. 멋지군!' 고로에게는 조금 불편할 수도 있
는 술집도 때로는 색다른 즐거움을 준다.

도리쓰바키(鳥椿)

주소 : 도쿄 도 다이토 구 네기시 1-1-
15 와타나베 빌딩 1F
(東京都台東区根岸 1-1-15
渡辺ビル 1F)
전화 : 03-5808-9188
영업시간 : 10:00~23:00(재료가 동나면
일찍 문 닫음.)
휴일 : 월요일

씹는 순간 맛이 확 퍼지는 로스트포크 샌드위치(ロース
トポークのサンドイチ, 780엔). '어이, 위장! 보라고.
고기야, 고기'라는 고로의 말처럼 엄청난 볼륨감이다.

세트메뉴에 함께 나오는 빵은 호두와 깨
등 세 종류(그때그때 달라짐). 먹기 좋은
크기로 잘라 고급스럽게 담아준다.

근처에 있었으면 하는 명품 베이커리

마치노파라

타케무카이하라 역의 로스트포크 샌드위치와 살시챠

등학교 바로 아래에 터널이 있는, 풍경이 독특
한 역 앞을 조금 지나면 한적한 주택가가 펼쳐
지는 고타케무카이하라. '사람이 전혀 없어. 가
게가 전혀 없어. 이곳 주민은 어디서 장을 볼까?'
라고 고로가 걱정할 정도로 조용한 주택가다. 그
런 거리에 아무런 위화감 없이 녹아든 베이커리
가 바로 **마치노파라**다. 빵 마니아 사이에서는 유
명한 베이커리다. 외관은 주의 깊게 보지 않으면
지나치기 쉽지만, 맛있는 빵을 찾는 사람들로 매
일 북적인다. 가게 안으로 들어가면 입구에 다양
한 종류의 빵을 판매하는 공간이 나오고, 고소하
고 행복한 냄새에 둘러싸인 채 안으로 들어가면
밝고 넉넉한 카페 공간이 펼쳐진다.

밤샘 작업 후의 공복감을 안고 헤매다 간신히 발
견한 이곳에서 고로는 '빨리 결정하자.'라며 메
뉴를 펼치지만, 당혹한 기색이다. 메뉴도 다양할
뿐더러 각 메뉴의 빵도 직접 선택하게 되어 있어

꽤 복잡하다. 이렇게 망설이다가는 위장이 반란
을 일으킬 듯한 기분에 점원의 도움을 받아 메뉴
를 결정하기로 한다. 힘겹게 선택한 고로의 메뉴
는 조금 딱딱한 캄파뉴 빵으로 만든 로스트포크
샌드위치, 수제 소시지인 살시챠에 샐러드와 빵,
음료가 같이 나오는 살시챠 세트다. 음료는 수제
흑설탕 진저에일, 그리고 시금치와 리코타치즈
키슈 단품이다.

무사히 주문을 끝내고 조금 여유를 되찾은 고로
는 천장이 높아 햇살이 눈부시게 쏟아지는 매장
안을 새삼 돌아보며 '밝고 좋군. 이 빵집은 아침
이 잘 어울려.'라면서 한껏 여유를 즐긴다.

먼저 나온 음식은 로스트포크 샌드위치와 수제
흑설탕 진저에일. 샌드위치 빵을 열어보니 부드
러워 보이는 고기가 가득하고, 그 위에는 새빨
간 방울토마토가 톡! 올라가 있다. '오, 이 모습
만 봐도!' 하며 고로는 기대감으로 가슴이 부푼

줄거리 '밤샘 작업 후 주택가에서
아침 식사를 찾아 헤매다

고로는 고타케무카이하라(小竹向原)에
서 이튿날 개장하는 친구의 갤러리를
방문한다. 하지만 도착해보니 뭔가 소
란스럽다. 배송 실수로 액세서리가 도
착하지 않은 것이다. 고로는 다른 업자
를 찾아주고 디스플레이도 도와가며
간신히 아침에 일을 끝낸다. 갤러리를
나오면서 오랜만의 밤샘 작업으로 배
가 고파진 고로는 식당을 찾아보지만
이곳은 주택가다. 어떡하지?

まちのパーラー
machino parlo
7:30 - 21:00 (L.
火よう定休

2011년 어린이집 병설 카페로 개업.
밤에는 맛있는 빵과 요리를 안주 삼아
와인을 즐기는 손님이 많다.

살시챠 세트(サルシッチャセット, 1340엔), 160엔을 추
제 흑설탕 진저에일(自家製黒砂糖ジンジャーエール
수 있다. 주문 즉시 굽는 생소시지의 풍성한 육즙이 매혹적

'고기다, 고기야. 로스트, 로스트. 이거 맛있
보이는 것 이상으로 맛있어. 하지만 빵도 맛
ㅓ. 시골 빵의 근성이 느껴져.' 하며, 아작아작
를 대며 순식간에 한 조각을 먹어 치운다.
ㅔ 흑설탕 진저에일은 찌릿한 생강 맛이 느껴
상큼하다. 고기류 샌드위치에는 딱이다.
ㅡ음 등장한 키슈는 시금치와 치즈가 듬뿍 들
있다. 나이프와 포크로 잘라 입으로 옮기고는
! 파리의 느낌'이라며 파리지앵 흉내도 내본
, 우유로 만든 수제 치즈는 그 담백한 맛이 고
의 입맛에도 맞는 모양이다. 리코타 치즈는 비
랑 비슷하군. 비지 치즈, 좋아!'
ㅡ침내 살시차가 나온다. 입구 바로 옆 냉장고에
'달려 있던 것을 보고 고로는 처음부터 마음이
'렸다. 탱글탱글하게 구운 생소시지는 '아, 씹
ㅡ수록 육즙이 솟아나는군. 어떻게 이 육즙을 가
ㅣ났을까?'라고 할 정도로 육즙이 풍성하다. 세
ㅡ로 나온 빵은 세 종류다. '아, 이 빵은 소박한
ㅑ. 고기 맛의 느끼함을 잡아줘서 좋군', '이 빵
ㅡ 호두가 들어 있어. 나는 지금 다람쥐다.'라며

가게 안에는 딱딱한 빵부터 부드러운 빵까지 다양한 종
류의 빵을 판매하고 있다. 하지만 금방 동나기 때문에 오
전 중에 가야 한다.

즐겁게 맛을 비교해본다.
고기, 빵, 키슈, 빵. 점원은 '빵이 남으면 포장해
드릴게요.'라고 했지만, 밤샘 후의 '화려한 아침
식사 in 네리마'를 만끽하는 고로의 테이블 위에
남은 빵은 없다. '이런 가게가 집 근처에 있으면
좋겠군.'이라며 고로는 흡족한 기분으로 다음 업
무를 향해 길을 나선다.

마치노파라
(まちのパーラー)

주소 : 도쿄 도 네리마 구 고타케초
　　　2-40-4
　　　(東京都 練馬区 小竹町2-40-4)
전화 : 03-6312-1333
영업시간 : (월) 7:30~18:00
　　　　　(수요일~일요일) 7:30~21:00
휴일 : 화요일

돼지고기 샤부샤부와 모둠전골을 코스로 즐길 수 있는 불꽃
술 전골 세트(炎の酒鍋セット, 1인분 1800엔). 후식으로
잡탕죽(雑炊)도 있다. 보통은 예약제이므로 참고하자.

샤부샤부를 먹고 육수를 더한 다음에 먹는
모둠전골(寄せ鍋)에는 버섯과 조개도 많다.

돈베이

아라카와 구 니시오구의 불꽃 술 전골과 마즙 보리밥

아라카와 구 미노와바시에서 신주쿠 구의 와세다까지 서민 지역을 연결하는 도덴아라카와센(都電荒川線)은 도내 유일한 '노면 전철'이다. 돈베이는 도덴아라카와센의 미야노마에 정거장 근처에서 40년 넘게 영업하는 음식점이다. 주변에는 다른 음식점도 많아서, 고로는 '초밥, 피자, 중화, 돈가스도 있군. 음, 이 사지선다형 문제의 정답은 뭘까?' 하고 고민한다. 하지만 돈베이 앞에 그려진 아저씨 그림과 '영업합니다.'라는 문구에 끌려 '뭔가 느낌이 좋아. 지금의 내 대답은 돈가스!'라며 이곳으로 결정한다.

앞쪽에 테이블 좌석이 있고 안쪽으로 카운터 좌석과 주방이 있는 식당 안은 손님들로 가득하다. 고로가 안내받은 테이블 좌석 옆에는 한 가족이 즐거운 표정으로 냄비를 가운데 두고 앉아 있다. 고로는 '응? 전골? 이 더위에 왜 전골을 먹지?' 하며 의아해한다.

메뉴를 보면서 '마즙 보리밥도 있군. 그렇다면 돈가스와 마즙 보리밥 세트로 해야겠군.' 하고

음식을 결정한 순간, 갑자기 조명이 꺼진다. 무슨 일인가 해서 주위를 둘러보는 사이에 종업원이 옆 테이블 냄비에 불을 붙이자, 불꽃이 확 피어올랐다. '우와, 대단하군. 이건 뭐지? 무슨 의식 같은 건가?' 놀라서 종업원에게 물어보니 이 가게의 명물 '불꽃 술 전골'이라고 한다. 알코올이 날아가기 때문에 어린아이도 먹을 수 있다는 말을 듣고 고로는 얼떨결에 같은 것을 주문한다. '알코올이 날아간다고는 하지만 정말 괜찮을까?' 불안해하는 가운데 고로의 냄비도 끓어올랐다. 종업원을 부르자 다시 조명이 꺼지고 커다란 불꽃이 솟아오른다. '불꽃은 본능을 자극하는 힘이 있군. 식욕이 마구 불타올라라. 그래, 불태워보자!'

불꽃이 타오르는 동안 재료들이 속속 등장한다. 돼지고기 샤부샤부, 쓰쿠네, 어패류, 갖가지 채소. 먼저 돼지고기 샤부샤부부터 시작한다. '오, 돼지고기 샤부샤부. 확실히 돼지고기야. 소고기가 아니야. 하지만 맛있어. 정말 맛있군.' 소고기

줄거리

노면전철이 지나는 서민 정서 가득한 곳에서 도중하차

고로는 도덴아라카와센의 아라카와 유원지 앞에서 내려 아라카와 유원지를 어슬렁거린다. 유원지 내의 '시타마치 전철 미니 자료관'의 상담의뢰를 받고 온 것이다. 일을 끝내고 미노와바시에서 점심을 먹으려고 다시 전철에 오르지만, 커다란 가방을 들고 끙끙대는 할머니를 돕기 위해 그만 미야노마에(宮ノ前) 역에 내리게 된다. 한계에 이른 허기진 배를 안고 고로는 식당을 찾기 시작한다.

미야노마에 역에서 도보로 3분 거리 길가에 있다. 고로 마음에 들었던, 자전거 타고 있는 아저씨 그림과 '영업합니다.'라는 문구가 이곳을 찾는 표식이다.

돼지고기를 6~7시간 흐물흐물해지게 삶아 하룻밤을 재워 튀긴 돈가스는 부드러운 맛이 훌륭하다! 돈가스와 마즙 보리밥 세트(麦とろセット, 대 1300엔, 소 920엔)

뒤지지 않는 맛에 웃음이 저절로 피어난다. 서 폰스에 찍어 먹고, 이어서 깨 소스를 즐겨 는 고로는 '깨 소스도 제법인데? 알코올은 날 갔는데 난 취했어. 이 맛에!'라며 감탄한다.

지고기 샤부샤부를 거의 끝냈을 때 종업원이 둠전골에 육수를 부어주러 온다. '다양하게 길 수 있어 좋군.' 하며 고로는 대나무 통에 담 쓰쿠네를 주걱으로 떼어 냄비에 넣는다. 계 해서 어패류와 채소도 넣고, 국물이 끓어오르 조심스럽게 거품을 걷어낸다. 전골 건더기를 족스럽게 먹던 고로는 국물을 한입 떠먹고는 정이 변한다. '응? 뭐지 이건? 맛있잖아! 맛 어도 너무 맛있잖아! 이 국물만 있으면 부러 게 없겠어.' 하며 그 환상적인 맛에 감탄한다. 좋아!' 소매를 걷고 본격적으로 전골과 대결하 고로는 '천천히 맛을 즐기고 싶은데 젓가락 을 멈출 수가 없어.'라며 먹고 또 먹는다. 그는 돼지, 해산물, 채소와 버섯이 진홍빛 불꽃이 되 소용돌이치고 있다.'며 감탄한다.

전골을 다 먹고 나서야 밥을 깜박했다는 사실을 깨달은 고로는 마즙 보리밥을 주문한다. 그리고 돈가스를 초미니 사이즈로 만들어 제공한다는 말을 듣고 그것도 주문한다. 이곳의 돈가스는 조금 색달라서 돼지고기를 삶아 부드럽게 한 다

고로가 먹은 돈가스와 마즙 보리밥 미니 세트 정식(とんかつ麦とろミニセット定食, 980엔). 정식에는 밥, 미소국, 밑반찬이 나온다.

음에 튀긴다고 한다. 데미글라스 소스가 뿌려져 있지만, 그 위에 돈가스 소스를 더 뿌려주면 훨 씬 맛있다고 종업원이 말해준다.

상쾌한 마즙 보리밥을 가볍게 끝내고 마침내 돈 가스를 한입 먹어본 고로는 '우와! 이 돈가스는 뭐지? 살살 녹아!' 하며 장조림처럼 녹아드는 부드러운 맛에 황홀한 표정을 짓는다. 돈가스 소스를 뿌리자 그 파괴력도 한층 강해진다!

'아, 술을 못 마시는 내가 술 전골이라니, 인생 은 참 재미있어!'라며 고로는 집으로 돌아간다. 술에 취하지 않아도 기분은 최고다.

돈베이(どん平)

주소 : 도쿄 도 아라카와 구 니시오구 2-2-5
　　　(東京都 荒川区 西尾久 2-2-5)
전화 : 03-3893-8982
영업시간 : 11:00~14:00(주문 마감 13:30)
　　　　　17:00~21:00(주문 마감 20:30)
　　　　　재료가 동나면 일찍 문닫음.
휴일 : 일요일(공휴일은 확인 요망)

정어리 육회(いわしのユッケ, 700엔). 신선한 ?가 듬뿍, 유자 후추가 들어간 새로운 감각의 육호 따뜻한 밥과의 궁합도 상상 이상으로 좋다.

초간장을 찍어 먹는, 따뜻한 흰밥으로 만든 비밀 메뉴 정어리 초밥(いわしの握り寿司). 아쉽게도 지금은 메뉴에 없다.

다루마야

…나가와 구 오이마치 역의 정어리 육회와 초밥

…화한 분위기의 거리지만, 상가에 한 발 들여…으면 술집들이 즐비한 오이마치. 고로가 '이… 거리 정말 좋아.'라고 하면서도 '술을 못 마…는 사람한테는 적지에 들어선 느낌'이 든다며 …국 후퇴한 곳 중 하나도 오이마치 역 동쪽 출…에 있는 술집 골목이다.

…로는 술집을 피해 상가에 있는 중화요릿집에 …들어가지만, 밥을 팔지 않아 의기소침해진다. …아, 난 정말 술을 못 마시는 일본인이구나.'라… …며 실망하고는 '밥과 반찬'을 먹을 수 있는 식당… …을 맹렬한 기세로 찾기 시작한다.

…선로를 따라 걸음을 재촉하며 돈가스집 앞에서 …걸음을 멈춘 고로의 눈에 바로 옆집의 '정어리 요리'라고 적힌 제등이 보인다. '식욕이 확 솟… …는데? 정어리에 '요리'를 붙인 것만으로 갑자기 매력적인 음식들이 떠오르기 시작했어.'라며 순 식간에 기분이 고조된다. 고로는 식당 앞에 쌓

여 있는 맥주 박스를 보고 잠시 기가 죽지만, 마음을 굳히고 안으로 들어간다. 그리고 메뉴에 밥이 있는지부터 확인하고, 안내받은 카운터 좌석에 앉는다. '좋아, 좋아. 이제 괜찮아. 아무것도 걱정할 거 없어.'

부부가 꾸려가는 이 **다루마야**는 정어리요리 전문점. 아담하고, 소박한 술집 분위기에 마음이 편해진다. '정어리요리 전문이라는 간판이 부끄럽지 않은, 빛나는 메뉴'라며 고로는 경의를 표한다. 실제로 정어리의 다양한 변신 요리가 이 집의 자랑이다.

'전채는 정석대로 회로 할까, 아니면 다타키로 할까?' 갈등하던 고로가 선택한 것은 정어리 육회와 정어리 치즈롤, 정어리 양념구이, 그리고 밥과 정어리 어묵탕이다.

가장 먼저 나온 정어리 육회에는 채소를 듬뿍 올려놓았다. 와사비를 곁들이지 않고 유자 후추

줄거리

술을 못 마시는 자의
객기로 '밥집 순례'

이날의 상담 의뢰처는 오이마치(大井町) 역에 있는 고양이 카페. 집요하게 값을 깎으려는 주인과의 타협을 끝낸 고로는 온통 술집뿐인 골목에서 벗어나 상가로 향한다. 그곳에서 '서서 먹는 중화요릿집'을 발견하지만, 이럴 수가! 밥을 팔지 않는다! 면도 없다! 반찬만 먹고 나온 고로는 2차를 가기로 작정한다. '술집 순례'에 대항하는 '밥집 순례'다.

정어리 양념구이(いわしの蒲焼, 650엔). 시간을 오래 들여 촉촉하게 구웠다. 위에는 산초를 뿌려놓았다. 밥에 올리면 최강의 정어리구이덮밥 완성!

고로의 결전 메뉴, 정어리 치즈롤(いわしのチーズロール, 650엔). 정어리 속에서 치즈가 주르륵 녹아내린다. 부디 타바스코를 뿌려보시라!

뿌려 독특한 맛이 난다. 날달걀을 깨서 잘 섞
어 먹으면 부드럽고 알싸한 맛이 밥에 올려도
맛있다. 이어서 정어리의 감칠맛이 응집된 어
묵탕을 한입 먹고는 '스며든다, 번진다, 되살아
난다.'며 고로는 탄성을 지른다. 어묵도 한없이
부드럽다. 그리고 방금 튀긴 치즈롤이 나왔다.
뜨거운 치즈롤을 베어 물고는 '우왓, 말랑말랑
해. 맛있어!' 하며 감탄하다가 고로는 문득 언
젠가 먹은 적이 있는 음식의 맛과 비슷하다는
것을 깨닫는다. 기억을 더듬어 찾아낸 그 음식
은 바로 '안초비 피자'였다. 고로는 종업원에게
타바스코 소스를 달라고 해서 뿌려보니 생각했
던 대로 아주 잘 어울린다!

이때 구수한 냄새가 풍기기 시작한다. 양념구
이다. '산초도 뿌렸어. 침이 마구 고이는군.' 하
며 부드러운 살을 입에 넣자, 정어리의 감칠맛
과 달콤 짭짤한 소스가 입안에 퍼진다. 정어리
구이를 밥에 얹어 정어리 구이덮밥도 만들어 본
다. '이거 정말 좋군. DHA 비말이 힘차게 날아
다니는 듯해.'라는 고로의 감탄은 최고의 맛이
라는 뜻일 것이다. '한자로 정어리 '약(鰯)'은 물
고기 어(魚)' 변에 '약할 약(弱)' 자를 쓰지만, 정
어리의 바다에 빠진 지금 나는 삼수변(氵)을 써
서 '빠질 익(溺)'의 상태다. 이렇게 빠진 채로 계

'국물과 채소절임이 맛있는 식당은 확실하다'며 고로가
감탄한 정어리 어묵탕(いわしのつみれ汁, 400엔). 정어리
의 감칠맛이 응축되어 있다!

속 있고 싶다.'면서 고로는 정어리 성찬을 만끽
한다.

주문한 음식을 다 먹고 나니, 옆자리에서 주문
한 '정어리 초밥'이 궁금해진 고로는 메뉴판에
는 없지만 이 메뉴도 달라고 한다. 식초를 넣지
않은 따뜻한 밥으로 만들어서 초간장에 찍어 먹
는 것이 특징이다. 푸르게 빛나는 자태도 아름
다운 정어리 초밥. 정어리회와 따뜻한 밥이 신
기하게 어울린다.

'마지막을 초밥으로 장식하다니 의외의 결말이
다. 하지만 좋아. 해피엔딩!'

다루마야(だるまや)

주소 : 도쿄 도 시나가와 구 미나미시
  나가와 6-11-28
  (東京都 品川区 南品川 6-11-28)
전화 : 03-3450-8858
영업시간 : 17:00~24:00(주문 마감 23:00)
휴일 : 일요일, 공휴일

드라마 「고독한 미식가」 제작 뒷이야기

고로 역의 마츠시게 유타카 인터뷰

「고독한 미식가」가 2012년에 드라마로 제작되면서 주연으로 발탁된 배우는 개성파 연기자 마츠시게 유타카다. 이제는 그와 완벽하게 하나가 된 주인공 이노가시라 고로 역에 대한 그의 생각을 들어보았다.

●「고독한 미식가」는 이미 여러 시즌이 방영될 정도로 인기가 높은 드라마가 되었습니다. 마츠시게 씨가 연기하는 이노가시라 고로도 완전히 자리를 잡았습니다만, 처음 이 드라마 섭외가 들어왔을 때 어떻게 생각하셨습니까?

마츠시게 제작진한테는 실례되는 말이지만, '그걸 누가 볼까?' 했죠(웃음). 아저씨 혼자서 밥 먹는 것뿐이잖아요. 솔직히 이 드라마가 이렇게 오래가리라고는 생각하지 못했습니다.

● 인터넷에서는 고로가 식사하는 장면을 '야식 테러'라고 부르면서 팬들이 SNS에 실시간으로 올린다던데 확실한 팬을 확보하고 있다는 방증이겠죠.

마츠시게 테러라는 말을 들으면 나쁜 짓을 하고 있는 느낌입니다(웃음). 하지만 처음에 원작을 읽었을 때 '이걸 드라마로 만들어도 되나?' 하면서도, 재미있는 시도라고 생각했습니다. 저도 지방에 가면 이런저런 상상을 하면서 식당 찾기를 좋아하거든요. 고로의 식탐이나 담담하게

남자 혼자 식사하는 즐거움에는 많이 공감했어요. 하지만 공감하는 시청자가 얼마나 있을지 몰라 불안했죠.

마츠시게 유타카(松重 豊)
니나가와 스튜디오를 거쳐 영화, 드라마, 무대에서 폭넓게 활약하고 있다. 출연작으로 대하드라마 「야에의 벚꽃」, 「사신 군」, 영화 「탐정은 바에 있다」, 「아웃레이지 비욘드」, 「몬스터즈」 외에 많은 작품이 있다.

그렇군요. 고로를 연기하면서 힘들었던 적이 [있]습니까?

[마]츠시게 역시 먹는 양이 문제겠죠. 저는 쉰 살 [이] 넘은, 소식하는 아저씨라서 보통 저녁은 간[단]한 안주만 있으면 밥은 필요 없어요. 술도 좋[아]하고요. 고로와는 정반대입니다. 그래서 밥과 [면]을 동시에 먹는 '탄수화물 축제'는 꽤 힘들었[습]니다.

그러면 되도록 공복 상태로 촬영하시나요?

[마]츠시게 그렇죠. 촬영 전날부터 양을 줄이고, [당]일에는 아침부터 아무것도 먹지 않아요. 제작[진]이 점심을 먹으러 가도 뭘 먹었는지 물어보고 [침]만 흘리죠(웃음). 촬영하면서 처음 무언가를 [먹]는 시간이 오후 서너 시가 되는 경우도 있어[서], 정말 배가 고픈 상태라 본격적으로 먹습니[다]. 이 드라마는 오로지 먹는 것으로만 이루어[져]지니까 타협의 여지가 없습니다.

● '맛있게 먹는 모습'을 억지로 연출하지는 않[는]다는 뜻인가요?

촬영 전에 식사를 거르고 공복 상태로 연기한다는 '마츠시게 고로'가 온 힘을 다해 '배고픈 상태'를 보여주는 장면. 독백이 많은 이 드라마에서 주인공의 박진감 넘치는 표정도 볼거리다.

"정말 배가 고픈 상태라 본격적으로 먹습니다. 거기에 타협은 없습니다."

마츠시게 연출하지 않아요. 우연히 방문한 거리에 있는 식당에 훌쩍 들어가 그곳에서 내준 음식을 그대로 받아들일 때 저절로 이노가시라 고로가 되니까요. 나도 '아, 이런 맛이구나!' 하고 느끼는 대로 표현할 뿐입니다. 촬영은 시식 없이 한번에 하기 때문에 처음 그 음식을 먹는 느낌이 그대로 전달되면서 드라마가 만들어집니다. 거짓이 끼어들 여지가 없어요. 맛있으면 저절로 그런 표정이 나오는 거죠. 솔직한 표정입니다.

애주가가 술을 못 마시는 고로를 연기하는 괴로움?!

● 조금 전에 마츠시게 씨도 맛집 찾기를 즐기신다고 말씀하셨는데, 혹시 자신만의 선택 기준이 있습니까?

마츠시게 역시 느낌이겠죠. 식당의 외관이나 포렴의 느낌. 그런 것이 자아내는 분위기에 '여기 괜찮을 것 같은데?' 하고 선택하죠. 인터넷에 떠도는 평가에 의존하지 않고 그렇게 느낌으로 선택하는 편입니다.

● 애주가라고 하셨는데, 외식은 주로 술집에서 하시나요?

마츠시게 최근에는 메밀국숫집에 자주 갑니다. 간단한 안주에 술 한잔 하고 소바로 마무리하는 거죠. 메밀국숫집이라면 다른 사람 눈치 보지 않고 저녁 네 시 정도부터 마실 수 있죠. 이런 아저씨가 되니까 이렇게 편한 휴식처가 있구나 합니다(웃음). 안타깝게도 고로는 그런 풍류가 있는 곳에는 갈 수 없지만요.

> "남자 혼자 식사하는 즐거움에 많이 공감했어요."

술을 마시지 못하면서도 술집에서 파는 음식 중 싫어하는 게 없는 고로. 그런 역설적인 설정도 이야기의 재미를 더해준다.

드라마를 보면 B급 느낌이 드는 음식점이 많데요. 지금까지 특히 인상에 남았던 곳은?

마츠시게 드라마 촬영 초반에 갔던 곳이 인상적이었어요. 시즌1 제3화에서 소개한 **중국 가정요리 양**에는 지금도 가끔 가고 있어요. 여주인이 자꾸 서비스 음식을 주기도 해서 죄송하지만, 그 국물 없는 탄탄면의 매운맛은 꽤 중독성이 강해요. 사실 어느 음식점에 가든 매번 촬영할 때마다 깜짝깜짝 놀라지만요. 그 깜짝 놀란 얼굴을 찍고 싶어서 제작진도 열심히 촬영 장소를 찾고 있습니다. 예를 들어 나폴리탄 같은 요리도 이 나폴리탄은 '이 식당에만 있는 맛'이라는 놀라움이 반드시 있습니다.

● 시즌4의 음식점 선택은 어떻습니까?

마츠시게 제작진에도 애주가가 많아서 촬영장소 섭외도 술 마시면서 하기도 하거든요. 그러다 보니 '이거 완전히 술안주인데?' 하는 메뉴가 많아지고 있어요. 그래서 술 마시지 말고 메뉴를 정해달라고 부탁하고 있습니다(웃음).

● 마츠시게 씨 자신은 고로와 달리 애주가이시니까, 본인도 마시고 싶어지겠네요.

마츠시게 바로 그겁니다! '마셔도 될까?' 했다

가 원작자 구스미 씨한테도 지적받은 적이 있습니다(웃음). 하지만 요청한 보람이 있었는지, 시즌4에는 이전 시즌과 다른 방향에서 구성된 라인업이 멋집니다. 하지만 무엇을 먹을지는 촬영 당일까지도 비밀이어서 저도 기대를 품게 되지요.

중독성 강한 매운맛의 국물 없는 탄탄면이 명물인 「중국 가정요리 양」은 마츠시게 씨도 다시 찾고 있는 곳이라고 한다(자세한 내용은 다음 페이지에).

● 마지막으로 팬 여러분께 한 말씀 해주세요.

마츠시게 이 드라마는 '자, 어서 오십시오!' 하고 요란하게 손님을 부르는 것이 아니라, '괜찮으시면 한번 들러보세요.' 하는 정도의 방송이라고 생각합니다. 담담하게 아저씨 혼자 밥 먹는 얘기로 47분을 채우니까요. 하지만 일단 보시면 마음에 드실 거라고 생각합니다. 한번 들러보세요! 또 '야식 테러'라는 말을 듣겠지만요(웃음).

"'이 식당에만 있는 맛'이라는 놀라움이 반드시 있습니다."

"다시 먹고
싶어질 것
같은 예감
강하게 든

도시마구 이케부쿠로 국물 없는 탄탄면

중독성 있는 매운맛으로 팬덤 다수 확보

촬영할 때 먹고 나서 '국물 없는 탄탄'의 강렬한 매운맛에 빠진 마츠시게 씨가 개인적으로 가끔 찾는다는 **중국 가정요리 양**. 이곳은 중화요릿집이 빽빽이 들어찬 이케부쿠로 거리 뒷골목에 있는, 본고장 중국다운 현란한 분위기가 감도는 유명 맛집이다. 드라마에서는 늘어선 중화요릿집을 바라보는 사이에 중국 요리가 먹고 싶어진 고로가 식당을 찾아 헤매다가 발견한 곳이다. 본격적인 사천요리를 제공하는 이 음식점의 실내는 식당 이미지 그대로 중국의 대중식당 분위기를 풍긴다. 종업원들도 모두 중국인이다.

고로가 국물 없는 탄탄면을 주문하자, '처음 드신다면 매운맛은 중간이 적당하다.'는 종업원의 말을 따르기로 한다. 그리고 군만두와 낯선 이름의 반산스(拌三絲)도 주문한다. 굽는 데 조금 시간이 걸린다던 군만두는 접시를 완전히 덮은 둥근 튀김옷 속에 만두가 들어 있는, 매우 특이한 요리다. 고로는 접시를 덮은 튀김옷을 조각조각 부숴 만두를 '발굴'한 다음, 흑초와 고추기름을 찍어 먹고는 '맛있어.'를 연발하더니 이내 밥을 찾는다. 역시 고로는 맛있는 요리에 꼭 밥을 곁들인다.

반산스는 두부껍질과 오이, 당근을 신맛 나는 드레싱으로 버무린 요리다. 예상 밖의 쫄깃한 식감에 놀라 고로는 '두부껍질이 꼭 면 같은 맛이군.'이라고 말한다. 이어 국물 없는 탄탄면이 나온다. 면과 고명, 소스를 수저로 잘 섞으면 전체가 새빨갛게 물들어 매우 매워 보인다. 그러나 마음의 준비를 단단히 하고 면발을 한입 먹은 고로는 '응? 맛있는걸!' 하고 감탄한다. 하지만 몇 초 뒤에 대량의 산초가 공격하는 매운맛이 올라오자 '우와! 혀가 얼얼해!' 하며 땀을 삘삘 흘린다. 그러면서도 짙은 소스와 탱탱한 면이 어우러져 내는 독특한 맛에 매료된다.
땀을 홍수처럼 흘리면서도 그릇을 비우고는 '얼얼해…. 하지만 머지않아 다시 먹고 싶어질 것 같은 예감이 강하게 든다.'는 고로의 대사처럼 마츠시게 씨도 그렇게 되어버렸다.

국물 없는 탄탄면

면 위에는 미소양념의 푸짐한 다짐육과 견과류, 푸성귀가 듬뿍. 잘 섞어서 호쾌하게 후루룩 빨아들이면 깨와 산초가 들어간 특제 양념의 감칠맛에 미소양념 다짐육의 깊은 맛, 견과류의 고소한 맛 등이 입안에 퍼지고, 산초의 짜릿한 매운맛이 시간차공격을 해온다. 물맛을 느낄 수 없을 정도로 맵지만, 왠지 중독이 된다(汁なし坦々麺, 800엔).

중국 가정요리 양
(中国家庭料理 楊) 2호점

주소 : 도쿄 도 도시마 구 니시이케부쿠로 3-25-5
　　　(東京都 豊島区 西池袋 3-25-5)
전화 : 03-5391-6803
영업시간 : 11:30~14:30/17:30~22:00
　　　　　(토, 일, 공휴일은 12:00~22:00)
휴일 : 부정기적

'고독한 미식가'를
즐기는 방법

인기는 계속 상승 중!
이색적인 '미식 드라마'의
인기 비결을 파헤쳐
전에 없던 이 드라마를
더한층 즐겨보자.

촬영할 때 공복 상
태로 연기한다는
'마츠시게 고로'가
음식을 먹는 모습
은 압권이다. 먹으
면서 중얼거리는
명대사와 익살도
매력적인 볼거리
중 하나.

「TV도쿄 방송국」의 심야프로그램은 독특한 드라마가 많아 매번 드라마 마니아들의 특별한 주목과 냉정한 평가를 받는다. 골든타임으로 착각할 정도의 호화 캐스팅의 「마호로 역 앞 번외편(まほろ駅前番外地)」같은 직구 승부의 굵직한 작품부터 길거리의 게임센터를 무대로 TV게임의 영고성쇠를 그린 「노콘 키드-우리의 게임사(ノーコン・キッド-ぼくらのゲーム史)」등 도전적인 기획 작품까지 화제를 불러일으켰다. 그런 TV도쿄의 심야 방송 중에서도 특히 이색적인 프로그램이 바로 「고독한 미식가」다.

2012년 방송을 시작한 이래 입소문으로 서서히 화제를 불러 모으더니, 마침내 시즌4까지 마쳤다(2014년 9월 말). 원작은 「주간 SPA!」에 부정기적으로 연재되던 만화 『고독한 미식가』(구스미 마사유키 글, 다니구치 지로 그림).

1994년~1996년 「주간 SPA!」의 자매지 「PANJA」(현재 휴간)에 연재가 시작된 이래 아는 사람은 아는 식도락 만화로 호평을 받으며 1997년에 단행본으로 발간, 2000년에는 문고본으로 발간되는 등 오랜 기간 사랑받아온 작품이다.

개인 무역상을 운영하는 주인공 이노가시라 고

당으로 가기 전 옆길로 새서 간식을 즐기는 것도 볼거
다. 고로는 보기와 달리 과자 등의 단것도 좋아한다.

가 업무차 방문한 지역에서 밥을 먹는다. 드
마「고독한 미식가」의 줄거리는 대략적으로
현하면 이 한 문장이면 충분하다. 하지만 B급
성이 넘치는 수수한 식당을 선택하고, 식욕을
극하는 사실적인 요리 묘사, 그리고 무엇보다
기분 좋게 먹는 고로의 모습 등, 이 작품이 발
하는 독특한 분위기는 원작을 모르는 젊은 세
에게서도 큰 호응을 불러일으켰다.

특히 주인공 고로를 연기한 마츠시게 유타카가
원작을 충실하게 재현한 '먹방'은 '야식 테러'
라는 신조어를 유행시켰으며, 드라마가 방영되
는 심야 시간에는 트위터에 '고로의 오늘밤 식
사'에 관한 포스팅이 다수 올라오는 등 지금도
인기가 더욱 높아지는 추세다.

등장하는 음식점은 술집, 중국식당, 동네 식당
등 다양하다. 맛집 가이드에서는 좀처럼 볼 수
없는 독특한 식당도 많아서 그 다양한 라인업도
즐거움 중 하나다.

자, 다음에 고로는 어떤 식당에 찾아갈까? 드라
마든 책이든 '고독한 미식가'의 팬이라면 TV 앞
에서 눈을 크게 뜨고 지켜보시라!

깜짝 놀랄 만큼 진기한 요리가 등장하는 것도 이 드라마의
인기 비결이다. 특히 시즌3에 등장한 와사비덮밥의 반향
은 엄청나게 컸다.

Original Japanese title : KODOKU no
GOURMET Junrei Guide
Copyright © 2014 FUSOSHA Publishing Inc.
© TV TOKYO Corporation 2014
Original Japanese edition published by
FUSOSHA Publishing Inc.
Korean translation rights arranged with
FUSOSHA Publishing Inc.
through The English Agency (Japan) Ltd. and
Danny Hong Agency.
Korean translation copyright © 2015 by
Esoope Publishing Company.

고독한 미식가 맛집 순례 가이드

1판 1쇄 발행일 2015년 8월 15일
1판 3쇄 발행일 2018년 1월 10일
지은이ㅣ주간 SPA!「고독한 미식가」취재반
옮긴이ㅣ박정임
펴낸이ㅣ임왕준
편집인ㅣ김문영
펴낸곳ㅣ이숲
등록ㅣ2008년 3월 28일 제301-2008-086호
주소ㅣ서울시 중구 장충단로8가길 2-1
전화ㅣ2235-5580
팩스ㅣ6442-5581
홈페이지 http://www.esoope.com
페이스북 www.facebook.com/EsoopPublishing
Emailㅣesoope@naver.com
ISBNㅣ978-89-85967-70-7 03980
© 이숲, 2015-2018, printed in Korea.